V&R Academic

Bonner Schriften zur Universitäts- und Wissenschaftsgeschichte

Band 8

Herausgegeben von

Thomas Becker, Dominik Geppert, Mathias Schmoeckel,

Joachim Scholtyseck und Heinz Schott

Wolfgang Alt / Klaus Peter Sauer

Biologie an der Universität Bonn

Eine 200-jährige Ideengeschichte

Mit 128 Abbildungen

V&R unipress

Bonn University Press

Bibliografische Information der Deutschen Nationalbibliothek

Die Deutsche Nationalbibliothek verzeichnet diese Publikation in der Deutschen Nationalbibliografie; detaillierte bibliografische Daten sind im Internet über http://dnb.d-nb.de abrufbar.

ISSN 2198-5383
ISBN 978-3-8471-0646-3

Weitere Ausgaben und Online-Angebote sind erhältlich unter: www.v-r.de

Veröffentlichungen der Bonn University Press erscheinen im Verlag V&R unipress GmbH.

Printed in Germany.
Titelbild: Poppelsdorfer Schloss von Südosten mit Botanischem Garten und Weiher-Teich.
[Foto 2013, Michael Sondermann/Bundesstadt Bonn]
Druck und Bindung: CPI buchbuecher.de GmbH, Zum Alten Berg 24, D-96158 Birkach

Gedruckt auf alterungsbeständigem Papier.

Inhalt

Prolog

Im Rahmen der für das Jahr 2018 geplanten Festschrift zum 200-jährigen Jubiläum der Rheinischen Friedrich-Wilhelms-Universität Bonn haben die beiden Autoren mit Unterstützung weiterer Kollegen der engeren ›Fachgruppe Biologie‹ innerhalb der Mathematisch-Naturwissenschaftlichen Fakultät umfangreiche Recherchen zur Geschichte dieses Fachbereichs seit Gründung der Universität durchgeführt. Eine wichtige Leitlinie dabei war, vorhandene Einzeldarstellungen zu ergänzen und neuere Aspekte einer ›Ideengeschichte‹ der besonderen Wissenschafts-Disziplin Biologie – als Grundlage aller ›Lebenswissenschaften‹ – einzubringen in eine zusammenhängende Darstellung ihrer lokalen Entwicklung in Bonn.

Da der Umfang des so entstandenen Abrisses einer ›Bonner Biologie-Geschichte‹ den gesetzten Rahmen eines Festschrift-Kapitels weit überschritten hat und dort zudem keine Möglichkeit zu einer durchgehenden Bebilderung des Textes besteht, haben die Autoren das Angebot der Herausgeber von ›Bonn University Press‹ dankend angenommen, eine eigene Monographie zur 200-jährigen Biologie-Geschichte an der hiesigen Universität vorab zu veröffentlichen. Dies passt auch gut zu einem weiteren Jubiläum im laufenden Jahr 2016: vor 150 Jahren – zum Sommersemester 1866 – wurde als erste ›neuere‹ naturwissenschaftliche Institution innerhalb der (damaligen) Philosophischen Fakultät das »Botanische Institut« im Poppelsdorfer Schloss durch den Botanik-Ordinarius Johannes Hanstein gegründet – nahezu zwei Jahre vor Eröffnung des großen »Chemischen Instituts« durch August Kekulé. Dieses Jubiläum sollte zusammen mit dem historischen Rückblick einen zusätzlichen Anlass bieten, die Bedeutung der ›Fachgruppe Biologie‹ innerhalb der Mathematisch-Naturwissenschaftlichen Fakultät hervorzuheben, auch in ihrer traditionellen Kooperation mit der Medizinischen und der Landwirtschaftlichen Fakultät.

Bei einer Rekonstruktion der Geschichte der Biologie an der Universität Bonn seit 1818 gilt es zu berücksichtigen, dass der Begriff ›Biologie‹ erst im Laufe des 19. Jahrhunderts entstanden ist. Vorher gab es einen solchen Wissenschaftszweig nicht. Es gab die Medizin (einschließlich der Anatomie und Physiologie) sowie die ›Naturgeschichte‹ (einschließlich der beiden speziellen Fächer ›Zoologie‹ und ›Botanik‹) – siehe hierzu Jahn (2004) und Roth (2015). Das Konzept einer ›Wissenschaft von der Natur‹, das sich seit dem 17. Jahrhundert entwickelt hatte, wurde vornehmlich von den grundlegenden Disziplinen Mathematik und Physik bestimmt. Sauer und Kullmann (2007) schreiben dazu in ihrem Beitrag zur ›Entdeckung der Evolution, der Geschichte des Lebens‹ in einem neueren Sammelband zur Biologie-Geschichte:

»Philosophen von Descartes bis Kant stimmten mit Physikern wie Galilei und Newton darin überein, dass eine entwickelte Wissenschaft im Idealfall auf mathematisch formulierten Theorien aufgebaut sein muss. Newtons Physik war das Glanzbeispiel einer exzellenten Wissenschaft. Diese Physiker waren aber Essentialisten. Deshalb verwundert es nicht, dass bei den Untersuchungen der Lebewesen Erkenntnisse reiften, die den Grundannahmen der Physiker widersprachen.

Die vergleichende Morphologie Goethes (1795 – erschienen 1820, 1807) wies den Weg zu einer einheitlichen Biologie. Unter den wenigen Naturforschern, die diesen Weg beschritten, war (der Bonner Physiologe) Johannes Müller (1801–1858) der enthusiastischste (vgl. Du Bois-Reymond 1860). Der Reformator der Physiologie wechselte in den 1840er Jahren von der reinen Physiologie zur vergleichenden Embryologie und Morphologie der Wirbellosen und spürte Merkmalen nach, die zur Gesamtorganisation in einem wesentlichen Bezug stehen und nach seiner Auffassung ausreichten, um natürliche Verwandtschaften zu erkennen. Auf diesem Gebiet folgten ihm seine eigenen Schüler nicht: Emil Du Bois-Reymond (1818–1892), Hermann von Helmholtz (1821–1894) und Rudolf Virchow (1821–1902) – um nur drei prominente Müller-Schüler zu nennen – vertraten vielmehr einen ausgeprägten ›physikalistischen‹ Reduktionismus (Mayr 1982), wodurch sie die Spaltung zwischen Naturhistorikern und Physiologen verstärkten. Das erschwerte die Erkenntnis, dass es in der Biologie strikt zwischen zwei Kausalitätsebenen zu unterscheiden gilt (Pittendrigh 1958, Mayr 1961):
- der Ebene der proximaten (unmittelbar wirkenden) Ursachen und
- der Ebene der ultimaten (mittelbaren, ›letzten‹ oder evolutionären) Ursachen.

Wieso müssen in lebenden Systemen diese beiden Kausalitätsebenen auseinander gehalten werden? Organismen durchlaufen als Individuen eine Ontogenese, eine Entwicklungsgeschichte, und erleben als Gruppen von Individuen, als Populationen, einen evolutiven Wandel. Während der Ontogenese, der Lebenslaufgeschichte, wirken aktuell regulierende Faktoren als proximate Ursachen der *Gestaltentfaltung*. Während des evolutiven Wandels dagegen wirken stammesgeschichtlich selektionierende Faktoren als ultimate Ursachen des *Gestaltwandels*.

Die Physiologen des beginnenden 19. Jahrhunderts orientierten sich kompromisslos an den erfolgreichen Methoden der Physik und Chemie und übertrugen mechanistische Erklärungen in die Physiologie. Auf der Tagung der deutschen Naturforscher in Innsbruck im Jahre 1869 – also noch zehn Jahre nach dem Erscheinen von Darwins Schrift über die ›Entstehung der Arten‹ – definierte Helmholtz das Ziel naturwissenschaftlicher Forschung wie folgt: ›*Endziel der Naturwissenschaft ist, die allen an-*

deren Veränderungen zugrunde liegenden Bewegungen und deren Triebkräfte zu finden, also sie in Mechanik aufzulösen‹ (zitiert nach Mayr 1982:114). Eine solche Reduktion ist bei der Analyse der proximaten Ursachen höchst erfolgreich, und Wissenschaftler wie HELMHOLTZ, DU BOISREYMOND und VIRCHOW hatten als Physiologen und Physiker vor allem diese proximaten Ursachen des Lebendigen im Sinn.

Während also die Physiologie mit ihrem reduktionistischen Ansatz schon Mitte des 19. Jahrhunderts eine beachtliche Blüte erreichte, hatten die Naturforscher mit der kausalen Erklärung der Entstehung der Artenmannigfaltigkeit große Schwierigkeiten. Der Bonner Mediziner und Anthropologe Hermann SCHAAFFHAUSEN (1816–1893) – ein weiterer Schüler Müllers – verdeutlichte die gegensätzlichen Ansichten:

›*Johannes Müller hat neuerdings das Entstehen der Arten als jenseits aller Naturforschung liegend bezeichnet. Nur wenn man die Arten für unveränderlich hält, ist dieser Ausspruch gerechtfertigt; haben wir uns aber von der Wandelbarkeit derselben überzeugt, so kann von einem neuen Entstehen der Thiere und Pflanzen in dem gewöhnlichen Sinne nicht die Rede sein, sondern dieselben erscheinen als eine zusammenhängende Reihe von auseinander entwickelten Gestalten*‹ (Schaaffhausen 1853: 445).

Wo MÜLLER glaubte, an eine Erkenntnisgrenze gestoßen zu sein, sammelte SCHAAFFHAUSEN Hinweise und Argumente für einen historischen Wandel der Arten.«

Im Laufe des 20. Jahrhunderts entstanden nun aber die allgemeinen biologischen Fächer der ›Genetik‹ und ›Zellbiologie‹ sowie der ›Ökologie‹ und ›Evolutionsbiologie‹ und erwirkten eine wissenschaftliche Grundlegung der gesamten Biologie. Spätestens im Übergang zum aktuellen 21. Jahrhundert sind dann auch die universellen Methoden der ›Molekularbiologie‹ und ›Systemischen Biologie‹ in die beiden genannten Aspekte der biologischen Ursachenforschung eingedrungen und haben dabei das Problemfeld der ›Epigenetik‹ weit geöffnet. Vielleicht hilft die historische Sicht auf die bisherige Biologie-Entwicklung, eventuelle Möglichkeiten zu einer ›Gesamt-Theorie des Lebens‹ vom Molekularen bis zum Organismischen erkennbar zu machen.

Bonn, im September 2016 *Wolfgang Alt und Klaus Peter Sauer*

Einleitung

Im Vergleich zu den anderen naturwissenschaftlichen Fächern ist ›*Biologie*‹ eine relativ junge Wissenschaftsdisziplin nicht nur im deutschsprachigen Raum, sondern auch in ganz Europa. Als Begriff für eine ›*Wissenschaft der belebten Natur*‹ wird er erstmals um 1800 genutzt, etwa in der Schrift »Biologie oder die Philosophie der lebenden Natur« von Gottfried Reinhold TREVIRANUS (1776–1837). Und im Titel von Lehrbüchern taucht er gar erst 100 Jahre später auf, so etwa bei Oskar HERTWIG (1906) und Moritz NUSSBAUM et al. (1911), und dies *nach* dem Aufkommen der *Genetik* als einer allgemeinen und grundlegend evolutionären Betrachtung des Lebens mit Beginn des 20. Jahrhunderts. Zwar waren schon um die Mitte des 19. Jahrhunderts mit der damals boomenden *Chemie*, der neu entstandenen ›*Zellenlehre*‹ sowie der Darwin'schen ›*Descencenz-Theorie*‹ grundlegende biologische Mechanismen und Theorien in den Vordergrund gerückt – welche über die Grenzen der beiden biologischen Disziplinen *Zoologie* und *Botanik* hinaus reichten – jedoch bildeten bei den entsprechenden experimentellen Untersuchungen die beiden aus der Medizin stammenden methodischen Disziplinen der *Anatomie* und *Physiologie* eine erneute Dichotomie, welche die Zusammenfassung der Lebenswissenschaften zu einer Disziplin ›*Biologie*‹ weit hinausschob.

Erstaunlicherweise bietet schon in den ersten beiden Wintersemestern 1818 und 1819 der neugegründeten Bonner Universität deren erster Professor für »Spezielle Naturgeschichte, Zoologie und Geologie« Georg August GOLDFUSS (1782–1848) eine Vorlesung über ›*Biologie*‹ an, während der Professor für »Allgemeine Naturgeschichte und Botanik« Christian Gottfried NEES VON ESENBECK (1776–1858) neben seinen speziellen botanischen und toxikologischen Vorlesungen auch noch »*Naturwissenschaftliche Unterhaltungen in Verbindung mit seinem Freunde Goldfuß*« ankündigt, woraus die Nähe dieser beiden ersten biologischen Lehrstühle schon ersichtlich ist. Dass er dieses ›Kolloquium‹, obwohl es gar nicht stattgefunden hat, im folgenden Sommersemester 1819 wieder angibt, jetzt aber »... *in Verbindung mit seinen Freunden Goldfuß, Kastner, Bischof und Noeggerath*«, zeigt deutlich die enge Verbundenheit aller bisher traditionell unter ›Naturgeschichte‹, nun im Vorlesungsverzeichnis unter ›Naturwissenschaften‹ geführten Fächer *Physik, Chemie, Mineralogie* und eben *Zoologie* und *Botanik* – dies sind auch die fünf Prüfungsfächer des 1825 etablierten »Seminars für die gesamten Naturwissenschaften« (für weitere Details siehe Becker 2004).

Tatsächlich hat sich die Fächertrennung dieser beiden ursprünglichen biologischen Disziplinen in Bonn, wie an den meisten deutschen Universitäten, weit über 100 Jahre lang erhalten: so führt etwa das Vorlesungsverzeichnis im Sommersemester 1930 unter der Rubrik ›Naturwissenschaften‹ immer noch die obigen fünf einzelnen Fächer auf (mit der expliziten Erweiterung ›Mineralogie, Petrographie, Geologie und Paläontologie‹ und dazu noch ›Pharmazie‹); ganz entsprechend lautet auch der Fächerkatalog des Wissenschaftlichen Prüfungsamtes für das Lehramt sowie des medizinischen Ausschusses für die Naturwissenschaftliche Vorprüfung. Dabei prüften beide biologische Ordinarien (Hans FITTING und August REICHENSPERGER) sowohl in ›Botanik‹ als auch in ›Zoologie‹, allerdings nur von 1930 bis 1932. Erst während des Zweiten Weltkrieges taucht unter nationalsozialistischem Regime plötzlich (ab WS 1941/42) das gemeinsame Prüfungsfach *›Biologie‹* auf – denn als schulisches Unterrichtsfach war es wohl schon seit längerem in Gebrauch. Nach dem Kriege verschwindet es allerdings wieder und wird an der Universität erst zum WS 1957/58 endgültig eingeführt. Parallel dazu tritt schließlich die (nach jahrelanger Mahnung seitens der Fakultät am 21.3.1958 vom Ministerium genehmigte) *Diplom-Prüfungsordnung für Biologen* in Kraft und es erfolgt die Einsetzung eines entsprechenden Prüfungsausschusses für Diplom-Biologen zum WS 1961/62, allerdings mit den klassischen Fächern Zoologie, Botanik, Chemie und Physik. – Dieser Ausschuss waltete dann genau 50 Jahre lang: denn seit 2011 ist er durch die analoge Kommission des *Bachelor-Studiengangs ›Biologie‹* abgelöst worden.

Schließlich wurde mit Bildung der *›Fachgruppe Biologie‹* (1963/64) dieses Fachgebiet innerhalb der (seit 1936 bestehenden) Mathematisch-Naturwissenschaftlichen Fakultät formell erkennbar und anerkannt – also erst knapp 150 Jahre nach Universitätsgründung. Während dieses Zeitraums hatte sich das Fach ›Biologie‹ im Wesentlichen nur mittels zweier Institutionen organisiert, die sich bis zur Kriegszerstörung des Poppelsdorfer Schlosses 1945 dort befanden: dies waren zum Einen die sogenannten *»Botanischen Anstalten«*, nämlich der *»Botanische Garten«* sowie das 1866 von Johannes HANSTEIN gegründete *»Botanische Institut«*, von dem sich 1951 unter Maximilian STEINER ein eigenes *»Pharmakognostisches Institut«* abgesondert hatte; zum Anderen gab es bis 1848 innerhalb des von GOLDFUSS geleiteten »Naturhistorischen Museums« (im Erdgeschoss des Poppelsdorfer Schlosses) ein von ihm so bezeichnetes *»Zoologisches Institut«*, welches dann zunächst wieder verschwand und erst nach

Aufteilung des von seinem Nachfolger Franz Hermann TROSCHEL bis zu dessen Tod 1882 geführten großen Museums neu gebildet wurde: unter Richard HERTWIG wurde es als *»Zoologisches (Museum und) Institut«* offiziell konstituiert und nach der Übernahme durch Hubert LUDWIG erhielt es die neue Bezeichnung *»Institut für Zoologie und Vergleichende Anatomie«*.

Der Nachkriegsdirektor dieses Instituts, Rolf DANNEEL, der den Wiederaufbau im Poppelsdorfer Schloss betrieben hatte, bildete zusammen mit seinen Abteilungsleitern Hermann WURMBACH (für ›Entwicklungsgeschichte‹) und Rudolf LEHMENSICK (für ›Parasitologie‹) sowie den Direktoren Maximilian STEINER und Walter SCHUMACHER der beiden nunmehr im ehemaligen Garteninspektorhaus (Meckenheimer Allee 170) untergebrachten Botanischen Institute die regelmäßige Vertretung in der seit 1963 eingesetzten *›Fachkommission Biologie‹*. Hier wurden die nun an der gesamten Fakultät sprießenden Pläne zur Vermehrung und Differenzierung der naturwissenschaftlichen Disziplinen sowie zu entsprechenden Neubauten in die Wege geleitet. Dies führte in den Jahren 1965/66 zur Gründung von drei weiteren Instituten innerhalb der neu etablierten *Fachgruppe Biologie*, nämlich den Instituten für *Angewandte Zoologie* (Werner KLOFT), *Genetik* (Werner GOTTSCHALK) sowie *Cytologie und Mikromorphologie* (Karl-Ernst WOHLFARTH-BOTTERMANN), wobei im Vorlesungsverzeichnis jedes Institut seine Veranstaltungen unter dem entsprechenden Namen ankündigte und somit die Differenzierung in sechs biologische ›Disziplinen‹ deutlich erkennbar wurde.

Beginnend mit der Nachkriegszeit veranstalten alle biologischen Institute ihr eigenes Fach-Kolloquium, nur der Genetiker GOTTSCHALK führte Ende 1965 ein allgemeines *»Dozenten-Colloquium Biologie«* ein, das er ab WS 1969/70 als *»Biologisches Colloquium«* zusammen mit den Kollegen WEIßENFELS (Zoologie) und WILLENBRINK (Botanik) leitete und welches bis heute Bestand hat. Gleichzeitig kam es auch zu einer Reorganisation des Vorlesungsverzeichnisses, wobei sich ›Genetik‹ und ›Zytologie‹ zum Fach *»Allgemeine Biologie«* vereinigten, ›Zoologie‹ und ›Angewandte Zoologie‹ wieder gemeinsam auftraten und alle Veranstaltungen jeweils in Grund- und Hauptstudium eingeteilt waren. Aber schon drei Semester später etablierte sich auf Initiative des neuen Botanik-Direktors Augustin BETZ ab Sommer 1971 die heute noch gebräuchliche Struktur des Lehrangebots für das Gesamtfach *»Biologie«* mit der Einführung des Blockkurs-Systems von vier Zeitgruppen pro Semester.

Auf diese Weise hatte sich innerhalb der beiden Nachkriegsjahrzehnte die Fachgruppe Biologie etabliert und – nach Gründung zweier weiterer Institute für *Mikrobiologie* (Hans TRÜPER 1972) und für *Zoophysiologie* (Rainer KELLER 1977) – in acht selbständige Institute differenziert. Nach Dreiteilung des Botanischen Instituts 2003 und Überwechslung eines zoologischen Instituts in die durch Initiative des molekularen Entwicklungsbiologen Michael HOCH ausge-

gründete neue Fachgruppe »*Molekulare Biomedizin*« im Jahr 2006 besteht die Fachgruppe derzeit wieder aus acht miteinander kooperierenden Instituten:
- Institut für Zoologie
- Institut für Evolutionsbiologie und Ökologie (vorher ›Angewandte Zoologie‹)
- Nees-Institut für Biodiversität der Pflanzen
- Institut für Zelluläre und Molekulare Botanik (IZMB)
- Institut für Molekulare Physiologie und Biotechnologie der Pflanzen (IMBO)
- Institut für Genetik
- Institut für Zellbiologie
- Institut für Mikrobiologie und Biotechnologie

Außerdem sind die Professuren im *Zoologischen Forschungsmuseum Alexander Koenig* der Fachgruppe Biologie zugeordnet und die Direktion der Zentralen Betriebseinheit *Botanische Gärten der Universität Bonn* obliegt dem genannten Nees-Institut zusammen mit der Abteilung ›Pflanzen- und Gartenbau-Wissenschaften‹ der Landwirtschaftlichen Fakultät.

Zusätzlich zur institutionellen Gliederung spiegeln die verschiedenen Wissenschafts-Themen und -Methoden, wie sie sich in den Lehr- und Forschungsgebieten (etwa der besetzten Professuren und der erteilten Habilitationen sowie der durchgeführten Übungen und Praktika) zeigen, die Entwicklung der Bonner Biologie innerhalb der vergangenen zwei Jahrhunderte deutlich wieder. Gaben im 19. Jahrhundert die fortschreitenden Techniken der Mikroskopie und Chemie sowie die verstärkten Reise- und Sammlungsmöglichkeiten Impulse für eine Vertiefung der klassischen Felder wie *Anatomie, Entwicklungsmechanik, Physiologie und Biogeographie*, deren oft kontinuierliche Bearbeitung durch Bonner Forscher bis weit in das 20. Jahrhundert reichte, so erbrachten die kriegsbedingt unruhigen Jahrzehnte von 1910–1950 dennoch wesentlich neue biologische Wissenschaftsaspekte hervor, vor allem im Rahmen der entstehenden *Genetik* und *Stoffwechsellehre*, *Ökologie* und *Evolutionstheorie* sowie einer umfassenderen *Allgemeinen* oder *Theoretischen Biologie.*

In Bonn wirkten sich diese neuen Impulse meist erst während der 1950er und 1960er Jahre aus, als durch die Nachkriegsförderung der ›zivilen‹ Strahlenforschung zwecks biologischer Untersuchungen die Grundfragen der zellulären und organismischen Regulation in den Mittelpunkt rückten. Beispielsweise erfolgte am Zoologischen Institut 1955 die Habilitation eines WURMBACH-Mitarbeiters, Heinrich HAARDICK (geb. 1907), im Fach ›*Theoretische Zoologie*‹ mit einer Arbeit über die »Regulation von Wachstum und Formbildung« und am Botanischen Institut 1962 die Ernennung von Hermann FISCHER zum Wissenschaftlichen Rat und Professor für ›*Experimentelle Ökologie*‹. Dessen Nachfolger ab 1976, der Ökophysiologe Klaus BRINKMANN, behandelte das Thema ›Glykolyse-Regulation‹ und ›Zirkadiane Rhythmik‹ mit Methoden der *Kybernetik* und *Mathematischen Modellierung und Datenverarbeitung*, wozu er eine entsprechende Ausbildung der Biologie-Studierenden förderte.

Denn im Rahmen der biologischen Grundausbildung waren zunächst ausschließlich die klassischen Nebenfächer Physik und Chemie gelehrt und geübt worden, wobei sich seit den 1960er Jahren insbesondere die Fortschritte der modernen *Biochemie* und *Genetik* auch im Grundstudium auswirkten. Damals begann ebenfalls das Angebot von Vorlesungen und Kursen in *Statistik und Biometrie*, und zwar zunächst durch Franz WEILING aus der Landwirtschaftlichen Fakultät. Ab 1969 kam dann ein Lehrauftrag für *Kybernetik* an den Kölner Entwicklungsphysiologen Heinz-Joachim POHLEY hinzu, ergänzt durch Veranstaltungen »Mathematik für Biologen«, welche vom Institut für Angewandte Mathematik übernommen wurden. Diese Lehr- und Forschungsaktivitäten mündeten schließlich in eine neugeschaffene Professur »*Theoretische Biologie*«, die ab 1986 vom Mathematiker Wolfgang ALT mittels Kursen, Seminaren und Kolloquien in fach- und fakultätsübergreifender Kooperation ausgeführt wurde (siehe Kapitel ›Botanik‹).

Seit Ende der 1980er Jahre wurde zudem das Forschungs- und Lehrgebiet der *Biotechnologie* in der Bonner Fachgruppe eingeführt sowie ein Studienschwerpunkt »*Ökologie und Umwelt*« geschaffen, beides in fach- und fakultätsübergreifender Kooperation. Es folgte die Einrichtung mehrerer Graduiertenkollegs, insbesondere für ›Funktionelle Proteindomänen‹, sodann für ›Paläontologie‹ und für ›Bionik‹. Entsprechend wurde die Entwicklung der Forschungszusammenarbeit durch Förderung multidisziplinärer Projekte auf den Gebieten der *Genetik* und *Zellbiologie* verstärkt, insbesondere durch Gründung eines »*Bonner Forums Biomedizin*« Mitte der 1990er Jahre.

Insgesamt hat sich die Biologie seit der zweiten Hälfte des 20. Jahrhunderts als ein Teil der ebenfalls in der Medizinischen und Landwirtschaftlichen Fakultät verankerten *Lebenswissenschaften (›Life Science‹)* konsolidiert sowie inhaltlich erweitert und seit Beginn des 21. Jahrhunderts in ihrer thematischen Schwerpunktbildung wesentlich umstrukturiert: Dabei haben sich durch Bildung weiterer Forschergruppen und Graduierten-Kollegs sowie neuer Studiengänge (des ›Bachelor of Science‹ in *Biologie* sowie fünf biologischer ›Master of Science‹) die folgenden Kern- und Anwendungsbereiche herausgebildet:

- *Zelluläre und Molekulare Biologie (inklusive Genetik, Mikrobiologie und Biomedizin)*
- *Organismische Biologie (inklusive Evolutionsbiologie und Paläobiologie)*
- *Ökologie und Diversitätsforschung (auch: Botanische Gärten und Zoologisches Forschungsmuseum)*
- *Neurobiologie (inklusive medizinischer Neurologie)*
- *Biotechnologie (mit Anwendungen in Landwirtschaft und Technik – so auch ›Bionik‹)*

Die hier kurz angedeutete Spanne von 200 Jahren »Biologie-Geschichte« an der Universität Bonn erheischt folglich einen wissenschaftshistorischen Rückblick, welcher mit deren Gründung unter dem traditionellen Dach zweier Lehrstühle (›Ordinariate‹) startet und die kontinuierliche Entwicklung bis hin zum vielfältigen und dennoch methodisch konvergierenden Spektrum der heutigen modernen Biologie aufleben lässt als eine Art »Ideengeschichte«. Diese wird zwar im Wesentlichen getragen von den einzelnen, jeweils hier wirkenden Wissenschaftlern und Wissenschaftlerinnen; aber die sichtbare Formierung und Darstellung für Unterricht und Anwendung geschieht effektiv in den hierzu organisierten Instituten, Institutionen und Forschungsverbänden.

Gemäß der historischen Entwicklung der einzelner Lehrstühle bzw. Ordinariate sowie der biologischen Institute und Disziplinen haben wir unsere Abhandlung daher gegliedert in zunächst zwei längere Kapitel zu den klassischen Disziplinen ›Zoologie‹ und ›Botanik‹; daran anschließend folgen dann drei jeweils kürzere Kapitel zu den neu geformten Disziplinen ›Genetik‹, ›Zellbiologie‹ und ›Mikrobiologie‹; abgerundet werden diese ›fachlichen Kapitel‹ dann durch ein übergreifendes Kapitel, welches die Bezüge der Biologie zu anderen Wissenschaftsbereichen im Umkreis der Bonner Universität darstellt. Ein Epilog greift schließlich die im Prolog angesprochenen Thesen auf und entwirft gemeinsame Perspektiven.

Geschichte der Zoologie einschließlich des Forschungsmuseums Alexander Koenig

Klaus Peter Sauer

Durch die Neuordnung Europas auf dem Wiener Kongress im Jahre 1815 waren dem preußischen Staat die Rheinlande zugefallen, ein Territorium kleinster Herrschaften ohne inneren Zusammenhang. Zur Schaffung eines geistigen Mittelpunktes fasste König Friedrich Wilhelm III den Entschluss, »... *in unseren Rheinlanden eine Universität zu errichten (...) in der Absicht und mit dem Wunsche, (...) dass (...) gründliche Wissenschaft (...) gefördert und (...) verbreitet werde*« (zitiert nach Becker 2004). Nach einem Vorlauf von nur knapp drei Jahren wurde die Rheinische Universität am 18. Oktober 1818 gegründet. Die Kompetenz für die Berufung der Professoren lag in den Händen von Kultusminister ALTENSTEIN. Innerhalb der Philosophischen Fakultät war die gesamte Naturwissenschaft einschließlich der Mathematik nur durch sechs Lehrstühle vertreten. Die gesamte Naturgeschichte war zunächst durch den Lehrstuhl für allgemeine Naturgeschichte und Botanik abgedeckt. Für diesen Lehrstuhl war der Botaniker Christian Friedrich NEES VON ESENBECK vorgesehen (1776–1858), der gerade zum Präsidenten der *Leopoldina* gewählt worden war (siehe Kapitel ›Botanik‹). Um mit der Berufung seines engen Freundes, **Georg August GOLDFUSS (1782–1848)**, dem Sekretär der *Leopoldina,* auch einen Vertreter der Zoologie gewinnen zu können, musste eine weitere Professur für Spezielle Naturgeschichte verbunden mit der Leitung der naturhistorischen Sammlung geschaffen werden (Renger 1982). Beide Wissenschaftler wurden dann mit Erlass vom 20. September 1818 gleichzeitig nach Bonn berufen (Kaasch 2004).

GOLDFUSS brachte die notwendige Voraussetzung für die Aufgabe, die in Bonn auf ihn zukam, aus Erlangen mit. Dort hatte er als Privatdozent der Naturwissenschaften von 1810 bis 1818 neben seinem Hauptfach Zoologie auch die Anatomie, die Mineralogie, die Geognosie und die Bergbaukunde vertreten. Nach seiner Aufnahme in die *Leopoldina* im Jahre 1813 betreute er deren naturwissenschaftliche Sammlung und die Bibliothek (Grulich 1894), die mit seiner und des Präsidenten NEES VON ESENBECKS Berufung nach Bonn nach dort überführt wurde, da die *Leopoldina* ihren Sitz am Wohnort des jeweiligen Präsidenten hatte.

Abb. 1: **Georg August Goldfuss (1782–1848)** – ab 1818 bis zu seinem Tode erster Zoologie- und Paläontologie-Ordinarius an der Philosophischen Fakultät, Professor für Spezielle Naturgeschichte, Zoologie und Geologie sowie Gründungsdirektor des 1821 eröffneten Naturhistorischen Museums [Ausschnitt aus einer Lithographie ca. 1830 des damaligen Universitäts-Zeichenlehrers *Christian Hohe*, Universitätsarchiv Bonn]

Die Gründung der Rheinischen Universität fiel in die Epoche der Romantik. Zu dieser Zeit entwickelte sich als eine Reaktion auf den rigiden Reduktionismus und die Mechanisierung des Newtonschen Weltbildes in Deutschland eine ganz eigene Denkrichtung, die Naturphilosophie. Diese spekulative Philosophie wurde durch so prominente Philosophen und Naturforscher wie Hegel, Schelling und Oken vertreten. Die naturwissenschaftliche Forschung, die ihre Erkenntnis nicht *ex principiis*, sondern vielmehr *ex datis* durch Untersuchungen gewinnt (Sauer 2007) wurde als vorwissenschaftlich angesehen. Die Naturphilosophen sahen nicht nur in den biologischen Arten, sondern auch in den höheren Kategorien ewige Urbilder; sie fassten Gattungen, Ordnungen und Klassen als Realitäten auf, die sich allerdings nur in der Idee darbieten (Stresemann 1951, S. 175).

Neben Jena, Erlangen und München entwickelte sich auch Bonn zu einem Zentrum der Naturphilosophie. Vor allem war Goldfuss ein prominenter Vertreter dieser Denkrichtung (Querner 1979). Sein »Grundriß der Zoologie« (1826) weist ihn als überzeugten Naturphilosophen aus. Vor der Entwicklung der Darwin'schen Evolutionslehre bereitete die systematische Einordnung der organismischen Mannigfaltigkeit unter Berücksichtigung ihrer abgestuften Gestaltähnlichkeit große Schwierigkeiten. Goldfuss (1826, S. 5) sah im Menschen die »höchste Blüte des Thierreichs«. In seiner Vorstellung sind im Menschen die *»organischen Systeme in höchster Vollendung vereinigt. Die Thiere dagegen zerfallen wie der menschliche Körper in seine Systeme, in Klassen, deren jede einem dieser Systeme vorzugsweise entspricht. Je tiefer die Klasse steht, desto ausschließlicher ist nur ein organisches System in ihr hervor gebildet; je näher sie* *dem Menschen tritt, desto mehr Organe zeigen sich gleichförmiger nebeneinander entwickelt.«*

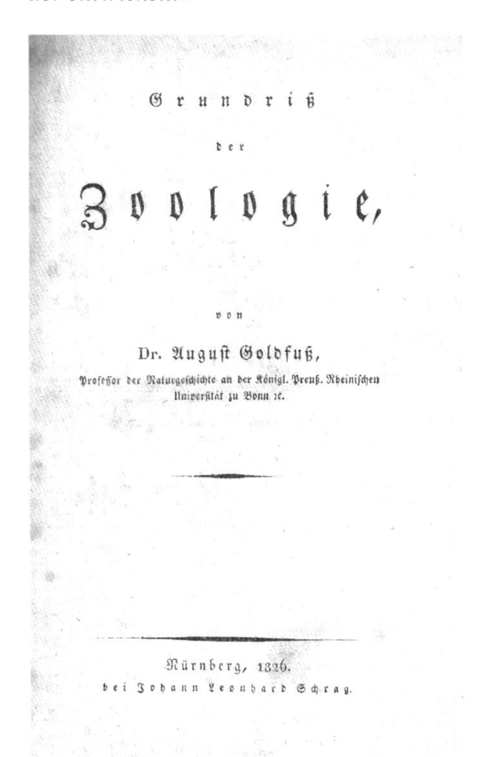

Grundriß

der

Zoologie,

von

Dr. August Goldfuß,

Professor der Naturgeschichte an der Königl. Preuß. Rheinischen Universität zu Bonn rc.

Nürnberg, 1826.

bei Johann Leonhard Schrag.

Abb. 2: Titelseite des von **GOLDFUSS** in Bonn verfassten und 1826 in Nürnberg publizierten ersten Zoologie-Lehrbuchs ›**Grundriß der Zoologie**‹ [Ablichtung 2016, Bibliothek K. P. Sauer]

Die abgestufte Gestaltähnlichkeit der Tiere hatte GOLDFUSS schon 1817 zu seiner Schrift »Über die Entwicklungsstufen des Thieres. Omne vivum ex ovo« angeregt, welche, als Sendschreiben an seinen Freund NEES VON ESENBECK verfasst, von diesem sofort veröffentlicht wurde. Hier wird von GOLDFUSS, ganz der naturphilosophischen Schule folgend, die stufenweise Gestaltveränderung der Thiere in ein geometrisches Modell gefasst. Er wählt die Form eines Eies für das Ganze. Die stufenweise Gestaltveränderung erfolgt als Bewegung zwischen Polaritäten. Diese kleine Schrift kann man aus heutiger Sicht *»als ein besonders eindrucksvolles Beispiel für die Bemühungen deutscher Naturhistoriker in den ersten Jahrzehnten des 19. Jahrhunderts ansehen, die Phänomene der Mannigfaltigkeit und der abgestuften Ähnlichkeit bei den organischen Formen zu verstehen und verständlich darzustellen«* (Querner 1979).

Abb. 3: Die zoologische Sammlung des Naturhistorischen Museum befand sich im Erdgeschoss des **Poppelsdorfer Schlosses** an der hier gezeigten Südwestseite, im Obergeschoss links die Wohnung des Zoologie-Ordinarius und später auch die Institutsräume, die sich vor der Kriegszerstörung bis zum Mittelturm der ehemaligen Kapelle erstreckten. Heute belegt das Institut für Zoologie die gesamte rechte Hälfte des Schlosses, vom besagten Mittelturm über die nach Südosten gelegene Flanke bis zum Eingangsportal auf der stadtwärtigen Seite. [Ausschnitt aus Foto ca. 1930 *Kunsthistorisches Institut der Univ. Bonn (Paul Clemen)*, Bildarchiv]

Den Bonner Naturwissenschaften wurde das Poppelsdorfer Schloss als Forschungsstätte zugewiesen (Becker 2004). Die unteren Räume sollten das Naturhistorische Museum sowie die Vorlesungs- und Arbeitsräume aufnehmen. Im oberen Stockwerk befanden sich die Wohnungen der Professoren. Goldfuss widmete vor allem dem Aufbau des Naturhistorischen Museums seine ganz besondere Aufmerksamkeit. Neben einer zoologisch-zootomischen Sammlung beherbergte das Museum ein umfangreiches Herbar, eine Mineraliensammlung sowie eine Sammlung für die Naturgeschichte der Vorwelt. Mit seiner Schrift »Ein Wort über die Bedeutung naturwissenschaftlicher Institute und über ihren Einfluss auf humane Bildung« (Goldfuss 1821) lud Goldfuss zum Besuch des Museums ein und betonte die Bedeutung, welche die Naturwissenschaft an der humanen Bildung des Menschen hat. Die vorgeschichtliche Sammlung des Naturhistorischen Museums ging 1882/83 in das eigenständige »Paläontologisches Museum« über, das sich derzeit unter der Bezeichnung *»Goldfuß-Museum«* in der Nußallee 8 nahe des Poppelsdorfer Schlosses befindet.

Heute ist Goldfuss vor allem als Paläontologe bekannt. Sein monumentales Werk »Petrefacta germaniae« (1826–1844) weist ihn als bedeutenden Wegbereiter dieser Wissenschaft aus. In der Zoologie dagegen hat Goldfuss keine bleibenden Spuren hinterlassen. Er starb 1848. Richtungsweisend für die moderne Zoologie wurde vielmehr ein Mitglied der Medizinischen Fakultät, der aus Koblenz stammende **Johannes Müller (1801–1858).** Er hatte 1819 in Bonn das Studium der Medizin aufgenommen. Schon in seinem zweiten Semester bearbeitete er die Preisaufgabe der Medizinischen Fakultät. Es sollte nachgewiesen werden, ob der Foetus im Mutterleib atmet. Über den Vergleich der unterschiedlichen Färbung des arteriellen und venösen Blutes gelang ihm dieser Nachweis, was ihm den Gewinn des Preises eintrug (Koller 1958).

J. Müller schloss sein Studium 1822 mit der Promotion ab. Schon in seiner Dissertation zu dem Thema »Bewegungsgesetze im Tierreich« (»De Phoronomia Animalium«) hat er die Bewegungsfunktion bei verschiedenen Arten vergleichend analysiert. Die wertvollen Einzelbeobachtungen sind allerdings dem Zeitgeist entsprechend in naturphilosophische Spekulationen eingebunden (Koller 1958). Von dieser unfruchtbaren Naturphilosophie sollte er sich aber schon bald verabschieden.

Am 19. Oktober 1824 nimmt der erst 23jährige Johannes Müller im Rahmen seiner Habilitation für Physiologie und vergleichenden Anatomie in seiner Antrittsvorlesung zu dem Thema »Von dem Bedürfnis der Physiologie nach einer philosophischen Naturbetrachtung« wie folgt zur Naturphilosophie Stellung:

> *»Diese Naturlehre spielt mit den Gegensätzen des Verstandes ohne eine lebendige Durchdringung des Geistes. Ohne Anschauung des lebendigen Prozesses schwebt sie in unseliger Zweideutigkeit, einer lebendigen Betrachtung der Natur unfähig, zu gemächlich und vornehm, um mit der schlichten Erfahrung auszukommen.«*

Abb. 4: **Johannes Müller (1801–1858)** – Privatdozent für Physiologie und Vergleichende Anatomie an der Bonner Medizinischen Fakultät, 1826 zunächst außerordentlicher, 1830–1833 ordentlicher Professor für Anatomie und Physiologie mit Lehre im ›Anatomischen Theater‹ und Mikroskopie im Naturwissenschaftlichen Seminar, Poppelsdorfer Schloss [Ausschnitt Reproduktion eines Gemäldes 1826 von *J. H. Richter*, Institut für Geschichte der Medizin, Universität Bonn]

Während eines Studienaufenthalts in Berlin (1823–1824) hatte sich Johannes MÜLLER unter dem Einfluss von Carl Asmund RUDOLPHI (1771–1832), dessen Nachfolger er 1833 werden sollte, von der spekulativen Naturphilosophie entfernt und war zur exakten Beschreibung sowie zum Zusammentragen und Sichten von Daten übergegangen. Die Entwicklung der vergleichenden Methode bot zu Beginn des 19. Jahrhunderts die Möglichkeit zur Verbindung der Naturgeschichte mit der Anatomie und Physiologie (Medizin) zur Biologie. Während sich die ›Naturgeschichtler‹ für die mittelbar-historischen Ursachen der Gestaltmannigfaltigkeit interessierten, suchten die Anatomen und Physiologen nach den unmittelbar-aktuell regulierenden Ursachen.

Wie kein anderer seiner Zeit war Johannes MÜLLER von der reinen Physiologie zur vergleichenden Anatomie und schließlich zur vergleichenden Embryologie und Systematik gewechselt. Bereits 1826 wurde er von der Medizinischen Fakultät in Bonn zum außerordentlichen Professor, 1830 zum ordentlichen Professor ernannt. In den wenigen Jahren bis zu seiner Berufung 1833 nach Berlin veröffentlichte J. MÜLLER 54 Arbeiten (Du Bois-Reymond 1860), die ihn sowohl als bedeutenden experimentellen Physiologen ausweisen wie auch als herausragenden Naturgeschichtler.

Abb. 5: **Franz Hermann TROSCHEL (1810–1882)** – Zoologe und Systematiker, ab 1849 Direktor des Naturhistorischen Museums im Poppelsdorfer Schloss (bis 1872 gemeinsam mit dem Mineralogen J. J. NOEGGERATH) und seit 1851 Ordinarius für Zoologie und allgemeine Naturgeschichte; dazu ab 1863 auch Präsident des Bonner Verschönerungsvereins [Foto aus dem Troschel-Nachlass *Autor unbekannt*, Staatsbibliothek zu Berlin]

Als Nachfolger von GOLDFUSS wurde 1849 **Franz Hermann TROSCHEL (1810–1882)** als außerordentlicher Professor der Zoologie und zweiter Direktor des Naturhistorischen Museums (Poppelsdorf) an die Philosophische Fakultät berufen. 1851 wurde er zum ordentlichen Professor (für »Zoologie und allgemeine Naturgeschichte«) sowie 1873 auch zum ersten Direktor des Museums ernannt. TROSCHEL kam aus Berlin. Dort war er 1834 mit einer Dissertation über die Süßwasser-Lungenschnecken promoviert worden. Mit dieser Arbeit erhielt er die ersten Anregungen für ein größeres Werk, an dem er zeitlebens gearbeitet hat: *»Das Gebiss der Schnecken zur Begründung einer natürlichen Classification« (1856–1863)*. Seine Habilitation als Privatdozent für Zoologie erfolgte 1844. Sein wissenschaftliches Interesse galt vor allem der Systematik der Mollusken. So gab er auch die »Jahresberichte über Mollusken« von 1838 an und die über Herpetologie und Ichtyologie von 1840 an in Wiegmanns Archiv heraus (von Dechen 1883).

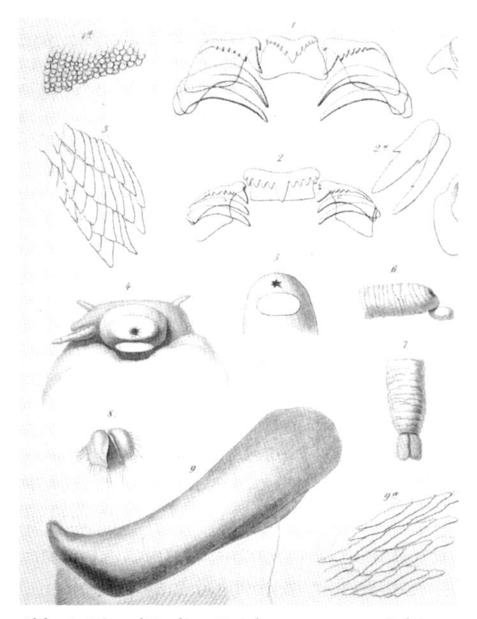

Abb. 6: Eigenhändige Zeichnungen von Gebiss- und Rüssel-Teilen der Schnecken von **F. H. Troschel:** *»Das Gebiss der Schnecken zur Begründung einer natürlichen Classification«*, Band 1 (1856), Berlin: Nicolai, Tafel XIV; insbesondere Teile von Kopf und Rüssel (4 + 5) sowie Zunge und Kiefer (8 + 9) der mediterranen Tausendpunkt-Mondschnecke (*Natica stercusmuscarum*) [Ablichtung 2016, Bibliothek K. P. Sauer]

Seit 1840 war TROSCHEL in Berlin Mitarbeiter von Johannes MÜLLER gewesen, der seine wissenschaftliche Entwicklung ganz wesentlich geprägt hat. Aus dieser engen Zusammenarbeit gingen die gemeinsam veröffentlichen Arbeiten »Über die Gattung der Ophiuren« (1840), »Fortgesetzte Bemerkungen über die Gattungen der Asteriden« (1840), »Systeme der Asteriden« (1842), »Neue Beiträge zur Kenntnis der Asteriden« (1843), »Beschreibung neuer Asteriden« (1844) sowie die »Horae ichtyologicae Beschreibung und Abbildung neuer Fische« (1845) hervor. Die Arbeiten sind alle in Wiegemanns Archiv für Naturgeschichte erschienen; diese Zeitschrift betreute TROSCHEL seit seiner Übersiedlung nach Bonn (1849) auch als Herausgeber. So war der Ruf von TROSCHEL als Systematiker und Zoologe wohl begründet.

Die systematische Zoologie befand sich zu TROSCHELS Zeit allerdings in einer gewissen doktrinären Erstarrung. Die Kenntnis der biologischen Vielfalt wuchs täglich und machte das Ordnen in Systemen notwendig, aber auch immer schwieriger. Mit der Morphologie (vergleichenden Anatomie) erhielt die Systematik zwar eine neue Grundlage, denn jetzt konnte durch die Methode der Ermittlung von Homologien systematische Verwandtschaft erschlossen werden. Doch der Schluss, dass solche systematischen Verwandtschaften auf einem genealogischen (genetischen) Zusammenhang beruhen könnten, ließ zur Mitte des 19. Jahrhunderts auf sich warten. An eine Theorie der organismischen Gestaltmannigfaltigkeit wurde kaum gedacht, auch wenn LAMARCK bereits 1809 mit seiner »Philosophie Zoologique« das bis dahin statische Weltbild durch ein dynamisches ersetzt hatte. Längst hatte man sich daran gewöhnt, das Problem der Entstehung der Arten als ein nicht lösbares aufzufassen.

So wurde der 24. November 1859 in der Denkgeschichte der Biologie ein herausragendes Datum. An diesem Tag erschien Charles DARWINS (1809–1882) revolutionäres und epochemachendes Werk »On the origin of species by means of natural selection or the preservation of favoured races in the struggle for life«. Dieses geniale Werk schlug ein wie ein Blitz aus heiterem Himmel. Plötzlich erkannten vor allem die jüngeren unter den Naturforschern, dass sich in der Biologie über das Anhäufen von Detailkenntnissen hinaus Perspektiven größerer Zusammenhänge eröffneten (Montgomery 1974). TROSCHEL nahm an diesem Aufschwung, den die Zoologie in dieser Zeit erfuhr, nicht teil; die Selektions- und Abstammungstheorien blieben ihm fremd (Hesse 1919).

Auf der Suche nach frühen Spuren, die DARWINS Theorien an der Universität Bonn hinterlassen haben, stoßen wir auf den heute fast vergessenen jungen Gelehrten **William Thierry PREYER (1841–1897)** (Weiling 1976, Neumann 1980, Sauer 2011). Ab Herbst 1859 bis Herbst 1860 studierte PREYER in Bonn Medizin und Naturwissenschaft. Im Frühjahr 1861 war nach langem Bemühen ein Exemplar von Darwins »Origin of species« in seinen Besitz gelangt (Sauer 2011) und bestimmte fortan seine biologische Gedankenwelt (Preyer 1896, S. 131). Im Sommer 1860 unternahm er eine Forschungsreise nach Island (Preyer und Zirkel 1862), wo er zu seiner Dissertation über eine ausgestorbene Vogelart angeregt wurde: *»Über Plautus impennis (Alca impennis L.)«*. In dieser Arbeit versuchte PREYER (1862) das Aussterben des flugunfähigen Brillenalkes auf der Grundlage von Darwins Konkurrenzprinzip und der Selektionstheorie zu begründen. PREYER ließ allerdings den Kampf ums Dasein zwischen Arten und nicht zwischen Individuen einer Art stattfinden, wie es DARWIN vorgeschlagen hatte. Auch wenn PREYER in seiner Dissertation das Wesen von Darwins Selektionsprinzips noch nicht vollständig erfasst hatte (Sauer 2011), so gebührt ihm doch das Verdienst, *»die erste in Deutschland veröffentlichte Arbeit, in welcher Darwins Anschauungen auf einen besonderen Fall angewendet werden«* (Preyer 1896, S. 132), verfasst zu haben.

Abb. 7: **William Thierry Preyer (1841–1897)** – Privatdozent für Zoochemie und Zoophysik an der Philosophischen Fakultät von 1865 bis 1869 [Foto-Portrait *W. Höffert* © Humboldt-Universität zu Berlin, UB: ID13165]

Nach seiner Promotion in Heidelberg im Jahre 1861 und Studienaufenthalten in Wien, Berlin und Paris kehrte Preyer 1865 nach Bonn zurück und habilitierte sich als Privatdozent für Zoochemie und Zoophysik an der Philosophischen Fakultät. Preyer hat zwischen 1865 und 1869 regelmäßig in Bonn gelesen. Seine letzte Vorlesung in Bonn im Wintersemester 1868/69 zu dem Thema »Die Darwinsche Theorie« war außerordentlich stark besucht. Es waren mehr als 101 Hörer, so dass der größte Hörsaal nicht ausreichte, die Hörer aller Fakultäten zu fassen. Unter den Hörern waren auch einige Professoren (Preyer 1896, S. 139). Einem Lehrauftrag an die königliche landwirtschaftliche Akademie Poppelsdorf konnte Preyer nicht mehr nachkommen, da er zum Wintersemester 1869 als ordentlicher Professor nach Jena berufen worden war.

Anlässlich der 50-Jahrfeier der Universität Bonn wurden während eines Festaktes am 4. August 1868 50 Persönlichkeiten ehrenhalber promoviert (Weiling 1976). In Bezug auf die Rezeption der Darwin'schen Gedankenwelt an der Universität Bonn müssen zwei Ehrungen besonders hervorgehoben werden: die von Charles Darwin selbst und die des Naturforschers Johann Friedrich Theodor Müller, genannt Fritz Müller (1822–1897). Den Vorschlag zu diesen Ehrungen machte der damalige Dekan der Medizinischen Fakultät: **Max Johann Sigismund Schultze (1825–1874)**, seit 1859 Direktor des Anatomischen Instituts. Sein Vorschlag dieser beiden Naturforscher, die in einem sehr intensiven Briefkontakt standen, zeugt von Max Schultzes intimer Kenntnis der aktuellen Entwicklungen der Darwinschen Gedankenwelt. F. Müller war gewissermaßen Darwins Experimentator. Dieser nannte ihn »Prince of Observer« und zitierte ihn an vielen Stellen seines Werkes. Fritz MÜLLERS wichtigste Arbeit »Für Darwin« (1864) wurde auf Betreiben von DARWIN unter dem Titel »Facts and Arguments for Darwin« 1869 in einer englischen Ausgabe herausgebracht. In diesem genialen, nur 91-seitigen Werk entwickelt Fritz MÜLLER den Gedanken, wie man aus dem Vergleich der Ontogenese der Individuen verschiedener Arten auf deren Phylogenese schließen kann, und belegt dieses Konzept durch die Ergebnisse sorgfältiger Untersuchungen an Krebstieren. Damit hat Fritz MÜLLER als erster den Kausalnexus zwischen Ontogenese und Phylogenese erkannt. Berücksichtigt man den frühen Zeitpunkt ihres Erscheinens, so ist F. MÜLLERS Schrift »Für Darwin« die bis heute Aufsehen erregendste Anwendung von DARWINS Deszendenz- und Selektionstheorie (Sauer 2013).

Eine preußische Besonderheit war die Trennung der vergleichenden Anatomie, auch der Tiere, von der Zoologie, mit der sie aufs engste verbunden ist (Taschenberg 1909, S. 42). So vertrat Hermann TROSCHEL innerhalb der Philosophischen Fakultät nur die systematische Richtung der Zoologie und Max SCHULTZE die vergleichende Anatomie und Histologie innerhalb der Medizinischen Fakultät. Nach heutigem Verständnis war Max SCHULTZE jedoch Zoologe und Zellbiologe. Er ist vor allem durch wesentliche Beiträge zur Zelltheorie bekannt geworden und hat u. a. über elektrische Organe bei Fischen, die Lebensvorgänge bei Turbellarien und die Anatomie und Physiologie der Retina gearbeitet und wurde mit diesen Arbeiten zu einem Pionier der modernen Zoologie.

Abb. 8: **Max SCHULTZE (1825–1874)** – ab 1859 Ordinarius für Anatomie an der Medizinischen Fakultät und von 1872 bis zu seinem frühen Tode Gründungsdirektor des dann fertiggestellten Anatomischen Institutes in der Nussallee auf dem Campus Poppelsdorf [Foto-Ausschnitt eines Gemäldes ca. 1865 *Autor unbekannt*, Universitätsarchiv Bonn]

Nach SCHULTZES frühem Tod im Jahre 1874 sollte zunächst Ernst HAECKEL als Nachfolger berufen werden (Hertwig 1922). Nach dessen Absage wurde 1875

Franz von Leydig (1821–1908) aus Tübingen berufen. Das Ordinariat für Anatomie wurde geteilt: die vergleichende Anatomie, Histologie und Embryologie vertrat Leydig als Mitdirektor, während die Anatomie des Menschen dem Freiherrn Adolf von La Valette als weiterem Direktor übertragen wurde (Taschenburg 1909, Hertwig 1922). Das »Lehrbuch der Histologie des Menschen und der Thiere« (1857) – Leydigs Hauptwerk – gilt als Grundlage der vergleichenden Gewebelehre, als deren Begründer er gefeiert wurde. Hier werden die ›Leydigschen Zwischenzellen‹ beschrieben; interstitielle Zellen, welche zwischen den Hodenkanälen liegen und Testosteron produzieren. Welch tiefen Eindruck die Darwinsche Theorie auf Leydig gemacht hat, hat dieser in der Einleitung seines Buches »Vom Bau des tierischen Körpers« (1864) eindringlich dargelegt.

Abb. 9: **Franz von Leydig (1821–1908)** – ab 1875 Ordinarius für Vergleichende Anatomie an der Medizinischen Fakultät, sowie zusätzlich von 1885 bis zu seiner Emeritierung 1887 Direktor des Zoologischen Instituts und Museums im Poppelsdorfer Schloss [Ausschnitt einer Gemälde-Ablichtung *Autor unbekannt*, Universitätsarchiv Bonn]

Mit seinem Wechsel nach Bonn an die Medizinische Fakultät musste Leydig allerdings auf die ihm besonders wichtig gewordene Zoologie verzichten (Hertwig 1922), die wurde von Troschel in der Philosophischen Fakultät vertreten. Diese Situation verschärfte die Trennung von Zoologie und vergleichender Anatomie, was jedoch im Widerspruch zur damals herrschenden wissenschaftlichen Anschauung stand (Hertwig 1922). Das führte wohl auch dazu, dass für Leydig zu wenig Lehrtätigkeit vorhanden war, um ihn zu befriedigen (Taschenberg 1909).

Abb. 10: **Richard HERTWIG (1850–1937)** – zusammen mit seinem Bruder Oskar HERTWIG im Zeitraum 1872–1875 Assistent am Anatomischen Institut der Medizinischen Fakultät und 1883–1885 erster Direktor des neugebildeten Zoologischen Museums und Instituts [Foto 1894 *Autor unbekannt*, Museum für Naturkunde, Berlin, Portrait-Sammlung HBSB ZI B I/5]

Gründung und Ausbau des Zoologischen Institutes

Diese Situation fand **Richard HERTWIG (1850–1937)** im Sommer 1883 vor, als er nach dem Tode TROSCHELS als dessen Nachfolger sowie als Direktor des »Zoologischen Museums und Instituts« berufen wurde. Mit HERTWIG bekam die Zoologie in Bonn einen würdigen Vertreter der neuen Schule. Zusammen mit seinem Bruder Oskar wurde Richard HERTWIG, beide ehemalige Assistenten von Max SCHULTZE, zum Begründer der modernen, experimentellen Zoologie. Doch die Gegebenheiten in Bonn waren für HERTWIG Veranlassung, schon 1885 einem Ruf nach München zu folgen (Taschenberg 1909, Hertwig 1922), um die Vereinigung der Professuren für Zoologie und Vergleichende Anatomie (bis dahin in der Medizinische Fakultät) unter einem Dach im Poppelsdorfer Schloss möglich zu machen (Hertwig 1922). Auf HERTWIGS Veranlassung ersuchte die Regierung LEYDIG, auch den zoologischen Unterricht zu übernehmen. Damit war HERTWIG zum Begründer des später so bezeichneten »Instituts für Zoologie und Vergleichende Anatomie« geworden (Keller 2000). Doch die versuchte Neuordnung kam zu spät. LEYDIG war es als neuem Direktor (seit 1885) wohl nicht mehr möglich, die von HERTWIG begonnene Umgestaltung des Instituts im Poppelsdorfer Schloss zu Ende zu führen. Er ließ sich 1887 von seinen amtlichen Verpflichtungen entbinden (v. Hanstein 1908, Taschenberg 1909).

In der Nachfolge LEYDIGS wurde zum Frühjahr 1887 **Hubert LUDWIG (1852–1913)** als ordentlicher Professor für Zoologie und Vergleichende Anatomie und Direktor des Zoologischen Museums und Instituts berufen. Er kam von der Universität Gießen, wohin er bereits 1881 mit nur 29 Jahren in ein gleichnamiges Ordinariat berufen worden war. Seine Arbeiten behandeln fast sämtlich das Gebiet der Echinodermen (Stachelhäuter). Schon als Student in Würzburg hatte ihm sein Lehrer Karl SEMPER (1832–1893) eine große Sammlung von Holothurien (Seewalzen) zur Bestimmung überlassen. Das Ergebnis hat er als erste seiner Schriften über Vertreter dieser Tiergruppe 1875 publiziert. 1889 bis 1892 veröffentlichte er in »Bronns Klassen und Ordnungen des Thier-Reichs« einen umfassenden Überblick über die Anatomie, Ontogenie, Systematik, Phylogenie, Ökologie und Paläontologie der Holothurien. Dieses Werk ist bis heute ein Klassiker der Zoologie.

Abb. 11: **Hubert LUDWIG (1852–1913)** – ab 1887 bis zu seinem Tode Ordinarius für Zoologie und Vergleichende Anatomie sowie Direktor des dann so benannten Zoologischen und Vergleichend Anatomischen Instituts und Museums im Poppelsdorfer Schloss, Rektor der Universität im Akademischen Jahr 1902/03 [Foto ca. 1890 *Autor unbekannt*, Universitätsarchiv Bonn]

1882 erschien die Entwicklungsgeschichte des Seesterns *Asterina gibbosa*, mit der er sich – wie Spengel (1914) sagt – »mitten in die Reihe der besten Forscher auf dem Gebiet der Ontogenie gestellt hat«. LUDWIG entwickelte sich zum weltweit herausragenden Kenner der Echinodermen. Bis zu seinem plötzlichen Tode 1913 erschienen jährlich eine bis mehrere Untersuchungen zu seiner geliebten Tiergruppe, den Stachelhäutern. Eine besondere Leistung hat LUDWIG während seiner Zeit in Gießen vollbracht. Er bearbeitete von 1882 bis 1886 die zuerst von Johannes LEUNIS herausgebrachte »Synopsis der Tierkunde« neu, eine gedrängte systematische Übersicht des gesamten Tierreiches. In Bonn befasste sich LUDWIG vorwiegend mit der Bearbeitung von Expeditionsausbeuten (Schmidt 1968).

1890 erhielt LUDWIG für das nun so benannte »Zoologische und vergleichend anatomische Institut und Museum« eine Kustodenstelle, welche **Philipp BERTKAU (1849–1894)** zugesprochen wurde. Dieser war seit 1874 noch unter TROSCHEL Assistent der zoologischen Abteilung des Naturhistorischen Museums geworden und hatte nach dessen Tode 1882 als Extraordinarius die zoologische Lehre in der Landwirtschaftlichen Akademie weitergeführt. Nach BERTKAUS früher tödlicher Erkrankung übernahm LUDWIG selbst ab 1895 die »Landwirtschaftliche Zoologie« und beschränkte seine biologische Lehrtätigkeit auf die Vorlesungen »Allgemeine Zoologie« sowie »Parasitologie« (Schmidt 1968). Den Unterricht im Laboratorium legte er in die Hände von **Walter VOIGT (1865–1928).** Dieser war wie LUDWIG auch Schüler von SEMPER gewesen, dann 1887 als Assistent mit LUDWIG nach Bonn gekommen und übernahm nunmehr 1901 als Titularprofessor die Kustodenstelle am Institut.

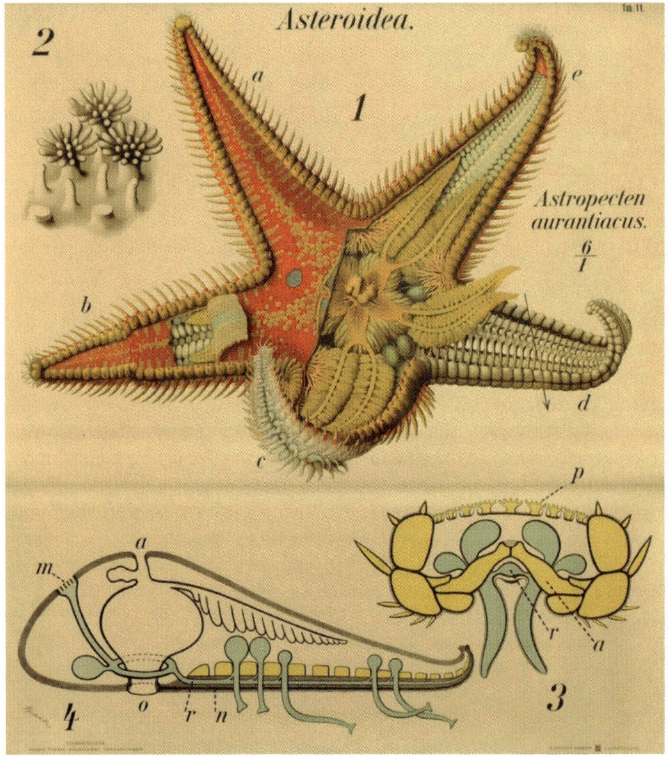

Abb. 12: **Zoologische Schautafel (1904) eines Seesternes** von *P. Pfurtschneller* aus dem heute noch erhaltenen Bestand des Zoologischen Instituts [Foto 2016 *W. Alt* vom Original]

Abb. 13: **Walter Voigt (1865–1928)** – zunächst Assistent, dann ab 1901 Titularprofessor und Kustos am Zoologischen Institut und Museum; seit 1895 auch Sekretär des Naturhistorischen Vereins sowie der physikalischen Sektion in der Niederrheinischen Gesellschaft für Natur- und Heilkunde [Ausschnitt Portrait-Foto 1907 *Photo-Atelier Robert Krewaldt (Kaiserplatz 16)*, Archiv des Naturhistorischen Vereins Bonn]

Auf die hierdurch freigewordene erste Assistentenstelle übernahm Ludwig die 1895 in Tübingen promovierte Zoologin **Maria Gräfin von Linden (1869–1936)**, welche er schon seit April 1899 mit der Verwaltung der zweiten Assistenz betraut hatte. Sie ist somit die erste wissenschaftliche Mitarbeiterin an der Universität Bonn. Ihr Fachgebiet war die Parasitologie, die sie in Bonn begründete. Schon 1906 wechselte sie aufgrund von Verstimmungen mit Ludwig als Assistentin zu Adolf von La Valette ans Anatomische Institut auf eine neugeschaffene zweite Assistentenstelle. Ihr gleichzeitig an die Philosophische Fakultät gerichteter Antrag auf Habilitation im Fach »Vergleichende Biologie« wurde nach längerem prinzipiellen Streit innerhalb der Mathematisch-Naturwissenschaftlichen Sektion (Physiker und Mathematiker gegen Biologen und Chemiker) schließlich 1908 durch allgemeine ministerielle Order abgelehnt. Im gleichen Zuge wurde ihr jedoch auf Bitten der Medizinischen Fakultät die Leitung einer »Parasitologischen Abteilung« im Hygiene-Institut übertragen sowie 1910 der Titel einer Professorin zuerkannt – erstmalig an der Universität Bonn. Details hierzu sind den Recherchen von Susanne Flecken (1996), Helga Eichelberg (2002) und unserer Gleichstellungsbeauftragten Ursula Mättig (2014) zu entnehmen.

Abb. 14: **Maria Gräfin von Linden (1869–1936)** – Zoologin und Parasitologin, von 1899 bis 1906 Assistentin am Zoologischen Institut, danach am Anatomischen Institut der Medizinischen Fakultät; dort 1910 Titularprofessorin und Leiterin einer Parasitologischen Abteilung im Hygiene-Institut bis zu ihrer Zwangsentpflichtung im Jahr 1933 [Ausschnitt aus einer Lithographie nach einem Foto von *Hof-Photograph J.W. Hornung (Tübingen, 1861–1929)*, Wikipedia]

Als weitere Assistenten gewann Ludwig 1896 **Adolf Borgert (1869–1957)**, 1906 **Adolf Wilhelm Strubell (1861–1927)** und 1921 **Wilhelm Joseph Schmidt (1884–1974).** Borgert hatte in Kiel studiert, wo damals die moderne Meeresforschung ihre Begründung fand. Er hat sich durch zahlreiche gründliche Plankton-, insbesondere Radiolarienstudien hervorgetan. Bei tripylen Radiolarien entdeckte er die endomitotische Chromosomenvermehrung. Er ist der Begründer der Protozoenforschung in Bonn, wo diese Fachrichtung bis in die jüngste Zeit fortgesetzt wurde (Reichensperger 1933, Schmidt 1968, Wurmbach 1968).

Strubells Forschungsschwerpunkt war die Entwicklungsgeschichte der Tiere. Sein embryologischer Kurs erhielt höchstes Lob (Reichensperger 1935). Schmidt veröffentlichte während seiner Bonner Assistentenjahre von 1908 bis 1926 zahlreiche Untersuchungen der Integumente von Reptilien und Amphibien. Vor allem seine Untersuchungen der Skelettelemente der Echinodermen mittels der Polarisations-Mikroskopie haben eine große Beachtung gefunden und brachten ihm 1920 einen Lehrauftrag für Mikroskopie ein (Reichensperger 1933). 1926 wurde Schmidt auf das Ordinariat für Zoologie und Vergleichende Anatomie der Universität Gießen berufen. Die fachlich breite Auswahl seiner Assistenten war ein wichtiger Teil von Ludwigs Aus- und Umgestaltung des Instituts. Daneben widmete er seine ganze Kraft der zoologischen Sammlung (Reichensperger 1933) – nach der Berliner und Göttinger Sammlung die größte an preußischen Universitäten (Schmidt 1968). Ludwig vermehrte die Museums-Sammlung durch eine vortreffliche Ausstellung der Echinodermen (Schmidt 1968) und konnte auch noch einmal eine Verstärkung der Mittel erreichen. LUDWIGS Einsatz für das Museum war um die Jahrhundertwende ein letzter Lichtblick. Danach ging es zunächst langsam, dann zunehmend schneller dem Zerfall entgegen: Bauschäden, fehlende Heizung und mangelnde Mittel wirkten sich zunehmen negativ auf den Zustand der Sammlung aus (Reichensperger 1968).

Abb. 15: **Richard HESSE (1868–1944)** – Ordinarius für Zoologie und Vergleichende Anatomie, somit Institutsdirektor im Poppelsdorfer Schloss von 1914 bis 1926 [Foto ca. 1920 *Autor unbekannt*, Universitätsarchiv Bonn]

Nach dem plötzlichen Tod von LUDWIG im Herbst 1913 übernahm **Richard HESSE (1868–1944)** im Frühjahr 1914 den Lehrstuhl für Zoologie und Vergleichende Anatomie. Er kam von der Landwirtschaftlichen Hochschule Berlin, wohin er 1909 als Professor der Zoologie – von Tübingen kommend – berufen worden war. In Bonn fand HESSE für die Forschung wenig förderliche Verhältnisse vor. Der bauliche Zustand des Poppelsdorfer Schlosses, an dem seit Jahrzehnten nichts repariert worden war, befand sich in einem trostlosen Zustand (Danneel 1961). Umso bemerkenswerter ist die Tatsache, dass HESSE während seiner Bonner Jahre eines der richtungsweisenden und einflussreichsten Werke seiner Zeit, die »Tiergeographie auf ökologischer Grundlage« (1924) verfasst hat. Seine Zielsetzung war, die Gesetzmäßigkeiten zu ergründen, welche die geographische Verbreitung der Tiere regeln. HESSES Methode war noch die des Vergleichs und nicht das physiologische Experiment. Doch mit diesem Werk hat HESSE die experimentelle Ökologie und Physiologie stark befördert. Auf der Grundlage des Vergleichens von Anpassungen hat er Hypothesen für die experimentelle Ökologie entwickelt. Die nachhaltige Wirkung dieses Werkes ergibt sich auch aus der Tatsache, dass es 1951 noch einmal in aktualisierter Form und in englischer Sprache neu aufgelegt wurde (Keller 2000).

Abb. 16: **Adolf Borgert (1869–1957)** – ab 1896 Assistent am Zoologischen Institut, dann Privatdozent und 1907 außerordentlicher Professor für Zoologie sowie 1915 auch Zoologie-Lehrer an der Landwirtschaftlichen Hochschule; ab 1919 ordentlicher Professor und 1826–1828 vertretender Direktor des Zoologischen Institutes, Emeritierung im Jahre 1934 [Portrait-Foto *Autor unbekannt*, Fotoarchiv W. Alt]

Nach Kriegsende im Jahre 1919 übernahm **Paul Krüger (1886–1964)** eine Assistentenstelle. Durch ihn erhielt die Zoologie in Bonn eine Abteilung für vergleichende Tierphysiologie. Krüger war einer der ersten Zoologen, der exakte Methoden zur Lösung physiologischer Probleme wirbelloser Tiere angewandt hat (Duspiva 1966). Als Hesse im Jahre 1926 einem Ruf nach Berlin folgte, nahm er Krüger mit. Mit Hesses Weggang wurde Adolf Borgert vorübergehend die Institutsleitung übertragen. Er hatte sich 1897 bei Ludwig habilitiert und war 1907 zum außerordentlichen Professor ernannt worden. Mit der Berufung August Reichenspergers wurde Borgert zum persönlichen Ordinarius ernannt (Wurmbach 1968).

Der desolate bauliche Zustand des Zoologischen Instituts einschließlich des Museums im Poppelsdorfer Schloss machte die Neubesetzung des Ordinariats sehr schwierig (Reichensperger 1933). Schließlich wurde 1928 **August Reichensperger (1878–1962)** berufen. Er hatte in Bonn Naturwissenschaften studiert und wurde 1905 mit einer Arbeit über die Anatomie eines Schlangenstern promoviert. Auch in den folgenden Jahren arbeitete er intensiv an Echinodermen. Doch nach seiner Habilitation im Jahre 1908 wechselte er radikal sein Arbeitsgebiet. Er wandte sich der Analyse des Lebens der sozialen Insekten zu und studierte besonders die Ameisen und Termiten sowie deren Gäste, die Myrmecophilen und Termitophilen. Reichensperger übernahm 1912 auch an der Landwirtschaftlichen Akademie Bonn-Poppelsdorf von Ludwig die Zoologieausbildung. Seine Tätigkeit an der Universität und der Landwirtschaftlichen Hochschule wurde allerdings durch den ersten Weltkrieg unterbrochen. 1919 folgte Reichensperger einem Ruf an die Universität Fribourg in der

Schweiz. Dort setzte er seine Untersuchungen an sozialen Insekten fort, bis ihn 1928 der Ruf aus Bonn erreichte, den er annahm. Damit fiel ihm die schwierige Aufgabe der Verbesserung der Arbeitsbedingungen am Institut für Zoologie zu. Unter seiner Leitung wurden die Entwicklungsgeschichte, die vergleichende Tierphysiologie und die Parasitologie dem Institut als Abteilungen angegliedert. Damit unterstützte REICHENSPERGER den Prozess der Herausbildung neuer Teildisziplinen. Der dazu benötigte Raum wurde durch den Ersatz der Ofenheizung durch eine Zentralheizung erreicht, wodurch mehr Raum verfügbar wurde (Wurmbach 1968).

Abb. 17: **August REICHENSPERGER (1878–1962)** – nach Studium und Promotion am Zoologischen Institut ab 1908 Privatdozent für Zoologie, ab 1912 bis zum ersten Weltkrieg auch an der Landwirtschaftlichen Akademie; seit 1928 Ordinarius und Direktor des Zoologischen Instituts und Museums; nach Emeritierung 1948 weiterhin Abteilungsleiter einer Entomologischen Forschungsstelle [Portrait-Foto 1943 *Dorothea Bleibtreu (Bonn)*, Universitätsarchiv Bonn]

Die Abteilung für Entwicklungsgeschichte übernahm **Hermann WURMBACH (1903–1976).** Er wurde 1927 in Marburg promoviert. Im selben Jahr wechselte er als Wissenschaftlicher Assistent nach Bonn. Hier habilitierte er sich 1931 mit der entwicklungsgeschichtlichen Schrift »Das Wachstum des Selachierwirbels und seiner Gewebe«. In seiner Forschung standen der Einfluss von Hormonen auf das Wachstum und die Formbildung sowie Probleme der Regeneration und der Abwehrreaktionen im Vordergrund. WURMBACHS wissenschaftlicher Werdegang vollzog sich in politisch turbulenten Zeiten. Bereits 1933 trat er der NSDAP sowie der SA bei. 1937 wurde er zum apl. Professor ernannt und erhielt gleichzeitig einen Lehrauftrag für Zoologie an der Landwirtschaftlichen Fakultät. 1938 wurde er Oberassistent und übernahm die Funktion des stellvertretenden Gaudozentenführers. Er war der NSDAP innerlich verhaftet und gehörte dem engeren nationalsozialistischen Kreis der Universität an (PA UAB).

1940 hat WURMBACH im Rahmen der Kriegsvorträge in der Reihe »Wissenschaft im Kampf für Deutschland« zu dem Thema »Biologische Grundlagen für die Bevölkerungspolitik« gesprochen. In diesem publizierten Vortrag (Wurmbach 1940) vertritt er die Auffassung, dass es möglich sei, »*durch Ausschaltung der Einzelindividuen eines Volkes als Träger der Erbanlagen von der Fortpflanzung Z u c h t w a h l zu treiben*«. In diesem Zusammenhang betont er die Wichtigkeit der Sterilisationsgesetze und der Nürnberger Rassengesetzgebung für die Unterbindung der »Zufuhr fremden Blutes«. Das ist reinstes nationalsozialistisches Gedankengut.

Abb. 18: **Hermann WURMBACH (1903–1976)** – 1927 Assistent, 1931 Privatdozent am Zoologischen Institut und Leiter der Abteilung für Entwicklungsgeschichte, seit 1937 als apl. Professor in der Mathematisch-Naturwissenschaftlichen Fakultät; nach dem 2. Weltkrieg Wiedereinstellung und 1965–1971 Direktor des Instituts für Landwirtschaftliche Zoologie und Bienenkunde [Portrait-Foto vor 1945 *Dorothea Bleibtreu (Bonn)*, Universitätsarchiv Bonn]

1941 wurde WURMBACH zum Militärdienst eingezogen. Im Malaria-Lazarett Rheinblick in Godesberg führte er diagnostische Untersuchungen durch und arbeitete wissenschaftlich über Fragen der Malaria-Pathologie (PA UAB). WURMBACH gehörte zu der politisch belasteten Gruppe von Hochschullehrern, die bereits im November 1945 von der Militärregierung aus dem Hochschuldienst entlassen wurden (Höpfner 1999, S. 537). Erst 1948 wurde Hermann WURMBACH erneut als Leiter der Abteilung Entwicklungsgeschichte in den Universitätsdienst übernommen. Die Krönung seiner Lehrtätigkeit war das zweibändige »Lehrbuch der Zoologie« (›der Wurmbach‹), das in den Jahren 1957 und 1962 erschien. 1965 wurde WURMBACH als Direktor an das Institut für Landwirtschaftliche Zoologie und Bienenkunde berufen. 1971 wurde er emeritiert.

Die Abteilung für Vergleichende Tierphysiologie übernahm 1928 **Curt Heidermanns (1894–1972)**, der damit Paul Krüger folgte. Heidermanns hat in Bonn Naturwissenschaften studiert und wurde bei Hesse promoviert. Seine Forschungsschwerpunkte waren die Stoffwechselphysiologie und die Exkretion. Er habilitierte sich 1928 in Zoologie und vergleichender Physiologie. 1933 erschien sein Lehrbuch »Grundzüge der Tierphysiologie«, das 1957 eine zweite Auflage erfuhr. 1935 wurde Heidermanns zum apl. Professor ernannt und 1938 erhielt er einen Ruf auf den Lehrstuhl für Zoologie in Greifswald (PA UAB). Bald wurde er dort zum Militärdienst einberufen und weilte nur sporadisch in Greifswald. Schon 1933 war Heidermanns der NSDAP und der SA beigetreten. Dem Nationalsozialismus war er jedoch nie verbunden, wie mehrere Stellungnahmen auch von Verfolgten des Dritten Reiches nachdrücklich belegen; dennoch entließ ihn die Landesregierung von Mecklenburg-Vorpommern Anfang März 1946 aus dem Dienst (Personalakte Universitätsarchiv Greifswald). Daraufhin ist er mit seiner Familie nach Bonn zurückgekehrt. Dort hat er Kontakt mit Reichensperger gesucht, um in irgendeiner Form wieder in Fühlung mit seiner alten Universität zu kommen. Anfang April 1947 bestätigte die Militärregierung, dass keine Bedenken gegen eine Wiederbeschäftigung sprechen (PA UAB), worauf Reichensperger einen Lehrauftrag oder eine Gastprofessur beantragte und darauf hinwies, dass es Heidermanns gelungen sei, wichtige und wertvolle Apparaturen nach Bonn zu überführen. Diese wären für das von allen Unterrichtsmitteln durch Kriegsschäden entblößte Institut von größter Bedeutung. Heidermanns erhielt sowohl besoldete als auch unbesoldete Lehraufträge für »Vergleichende Physiologie« und wurde als Gastprofessor ins Vorlesungsverzeichnis aufgenommen (PA UAB). 1954 hat die Universität Köln Curt Heidermanns auf den Lehrstuhl für Vergleichende Tierphysiologie berufen. Dort wurde er 1963 emeritiert.

Rudolf (Fritz Martin) Lehmensick (1899–1987) kam 1928 als dritter Assistent zu Reichensperger (PA UAB). Er hat in Jena, Freiburg, Tübingen und Marburg Naturwissenschaften und Medizin studiert. Durch Reichenspergers und Lehmensicks Bemühungen wurde das Parasitologische Laboratorium der Medizinischen Fakultät nach der Pensionierung der Gräfin von Linden 1933 nicht aufgelöst, sondern als etatmäßig selbständige Abteilung an das Zoologische Institut angegliedert und von Lehmensick ab 1937 betreut; nach seiner Habilitation im Jahre 1938 wurde er zu deren Vorstand ernannt und leitete die Abteilung 32 Jahre bis zu seiner Pensionierung. Seine Forschungsschwerpunkte waren die Medizinische und Vergleichende Parasitologie, insbesondere die Helminthologie. 1942 wurde Lehmensick zum Militär eingezogen und im Rang eines Stabsarztes zur Seuchenbekämpfung eingesetzt. Seine Ernennung zum apl. Professor erfolgte 1943. Mit seiner Entlassung aus dem Militärdienst wurde Lehmensick während der Schließung der Universität Bonn an die Universität

Leipzig versetzt, von wo er 1946 an die Universität Bonn zurückkehrte und seinen Dienst wieder aufnahm, nachdem er bereits im November 1945 rehabilitiert worden war (PA UAB). Er war zwar schon 1933 der NSDAP beigetreten, hat aber keine nationalsozialistischen Aktivitäten entfaltet. Auch sein Kriegsvortrag, den er in der Reihe »Wissenschaft im Kampf für Deutschland« zu dem Thema »Deutsche Wissenschaftler als Kolonialpioniere« (Lehmensick 1940) gehalten hat, enthält keine wirklichen Nazi-Ideologien, sondern ist ein Beitrag zur Geschichte der Tropenmedizin (PA UAB).

Abb. 19: **Rudolf Lehmensick (1899–1987)** – Assistent am Zoologischen Institut, 1937 Leitung der Parasitologischen Abteilung, ab 1938 als Privatdozent und seit 1943 als apl. Professor; kurz vor seiner Entpflichtung 1965 Mitwirkung beim Aufbau eines nachfolgenden Instituts für Angewandte Zoologie [Portrait-Foto *Autor unbekannt*, Universitätsarchiv Bonn]

Reichensperger war auf dem besten Weg, den desolaten Zustand des Instituts für Zoologie zu überwinden und einer modernen Zoologie den Weg zu ebnen (Reichensperger 1933), da brach die nationalsozialistische Willkürherrschaft und in Folge der Zweite Weltkrieg über Deutschland herein. Reichensperger gehörte neben dem Botaniker Fitting zu der Gruppe der politisch nicht angepassten Ordinarien, die in der Fakultät dennoch großen Einfluss hatten. Eine Rückkehr nach Fribourg, wohin er 1937 erneut einen Ruf erhalten hatte, lehnte Reichensperger jedoch ab (Höpfner 1999). Am 4. Februar 1945 wurde das von ihm aufgebaute Institut im Poppelsdorfer Schloss bei einem Luftangriff vernichtet. Reichensperger wurde erst 1948 im Alter von 70 Jahren emeritiert und leitete danach noch bis 1962 als Instituts-Abteilung eine Entomologische Forschungsstelle, die er gleich nach dem Krieg in seiner Wohnung aufgebaut hatte.

Abb. 20: **Rolf Danneel (1901–1982)** – von 1949 bis zu seiner Emeritierung 1969 Ordinarius und Direktor des Zoologischen Instituts; erster Vorsitzender der 1965 gegründeten Fachgruppe Biologie [Foto ca. 1965 *Autor unbekannt*, Universitätsarchiv Bonn]

Nachfolger von August Reichensperger wurde 1949 der Genetiker und Entwicklungsbiologe **Rolf Danneel (1901–1982).** Er leitete den Wiederaufbau des im Kriege zerstörten Instituts im Poppelsdorfer Schloss (PA UAB). Von 1920 bis 1925 hat er Naturwissenschaften in Marburg und Rostock studiert und 1925 das Diplom in Chemie erworben. Zur Anfertigung seiner Dissertation wechselte er an das Institut für Zoologie nach Göttingen, wo er 1928 mit einer chemischen Arbeit promoviert wurde. 1929 ging Danneel an das Zoologische Institut der Universität Königsberg, wo er sich 1935 habilitierte und bis zu seinem Wechsel an das Institut für Biologie an der Kaiser-Wilhelm-Gesellschaft in Berlin-Dahlem im Jahre 1941 als Dozent und außerordentlicher Professor für Zoologie und Vererbungslehre wirkte. Danneel arbeitete hauptsächlich an Säugern über Pigmentmusterbildung sowie über Augenfarbmutanten bei *Drosophila.* Seine breite naturwissenschaftliche Ausbildung ermöglichte ihm diese Arbeit auf dem Grenzgebiet zwischen Genetik und Entwicklungsbiologie. Er regte den wissenschaftlichen Nachwuchs insbesondere auf den Gebieten der experimentellen Zellforschung und der Strahlenbiologie an.

In seiner Amtszeit stützte sich Danneel auf Mitarbeiter, die ihre Ausbildung in Bonn begonnen und abgeschlossen hatten. So übernahm sein Schüler **Norbert Weißenfels (1926–2002)** die Leitung der Abteilung für Entwicklungsgeschichte (Schneider 2002). Er hat ab 1948 Biologie, Chemie und Physik studiert und begann 1951 unter Anleitung von Danneel mit seiner Diplomarbeit über das Wachstum der Haarmelanoblasten. Promoviert wurde er mit seiner Arbeit über das natürliche Ergrauen und die Depigmentierung der Haare beim Menschen (Schneider 2002). Nach seiner Promotion untersuchte Weißenfels die Feinstruktur tierischer Zellen. In den 70er Jahren wechselte Weißenfels radikal sein Forschungsgebiet. Er untersuchte die Entwicklungsgeschichte des Süßwasserschwammes *Ephydatia fluviatilis*. Seine zahlreichen Ergebnisse sind in der 1989 erschienenen Monographie »Biologie und Mikroskopische Anatomie der Süßwasserschwämme« dargestellt. Norbert WEIẞENFELS wurde im November 1964 zum Wissenschaftlichen Rat und Professor ernannt und mit der Leitung der Abteilung für Entwicklungsgeschichte am Zoologischen Institut beauftragt. DANNEELS Schüler **Ernst WENDT (*1928)** – ein Strahlen- und Zellbiologe – übernahm 1969 mit seiner Ernennung zum außerplanmäßigen Professor als Nachfolger des LEHMENSICK-Schülers **Armin WESSING (1924–2006)** die Leitung der Abteilung für vergleichende Tierphysiologie. Armin WESSING war 1968 als Nachfolger von Wulf Emmo ANKEL auf den Lehrstuhl für Zoologie an die Universität Gießen berufen worden. Er war 1952 mit einer Arbeit zu Problemen der Zellkonstanz promoviert und von DANNEEL als Mitarbeiter in Bonn übernommen und schließlich nach seiner Habilitation von DANNEEL mit der Leitung der Abteilung für vergleichende Tierphysiologie beauftragt worden.

Es ist ferner der Verdienst von DANNEEL, dass aus der von Rudolf LEHMENSICK geleiteten Parasitologischen Abteilung ein eigenständiges Institut wurde. Unter LEHMENSICKS Planung entstand 1965, als dieser selbst schon seine Dienstzeit beendet hatte, der Neubau eines modernen zoologischen Forschungsinstituts. Erster Direktor dieses an der Immenburg auf dem Endenicher Campus gelegenen »Instituts für Angewandte Zoologie« war **Werner KLOFT (*1925).** In DANNEELS Amtszeit kam es auch durch Umwandlung bzw. Einrichtung neuer Stellen zu einer deutlichen Ausweitung und fachlichen Diversifizierung der Bonner Zoologie. So wurde der WURMBACH-Schüler **Erich SCHOLTYSECK (1918–1985)** Leiter der neu geschaffenen Abteilung für Protozoologie. Nach seinem Studium der Biologie an der Rheinischen Friedrichs-Wilhelms-Universität wurde er 1952 promoviert. Sein Arbeitsfeld waren die Coccidien (parasitische Einzeller) und ihre z. T. noch unbekannte Lebenszyklen. Nach seiner Habilitation im Jahre 1963 wurde SCHOLTYSECK 1965 zum Wissenschaftlichen Rat und Professor ernannt und übernahm die Leitung der Protozoologie-Abteilung am Zoologischen Institut. Mit Hilfe der damals modernen Technik der Elektronenmikroskopie gelang ihm und seinen zahlreichen Schülern die Aufklärung der Feinstruktur der Entwicklungsstadien pathogener Coccidien. Erich SCHOLTYSECK war national und international anerkannt. Im Jahre 1982 wurde er zum Ehrenmitglied der American Society of Protozoology ernannt und erhielt 1983 die Ehrendoktorwürde für Naturwissenschaften der Andrews University of Berrien Springs (USA).

Neben diesen Abteilungen gab es vier Arbeitsgruppen, deren Leiter bis auf Frau ZIPPELIUS ihren gesamten wissenschaftlichen Werdegang in Bonn durchlaufen hatten. Der LEHMENSICK-Schüler **Günther STEIN (1925–1994)** vertrat die Entomologie und Parasitologie. Er wurde 1952 promoviert und war ab 1957 wissenschaftlicher Assistent bei DANNEEL. Nach seiner Habilitation im

Jahr 1966 wurde er 1971 zum wiss. Rat und Professor ernannt. **Jochen NIETHAMMER (1935–1998)** lehrte die vergleichende Anatomie und Systematik der Säugetiere. Nach seiner Promotion im Jahre 1964 übernahm ihn DANNEEL als wissenschaftlichen Assitenten. Kurze Zeit danach wurde er für zweieinhalb Jahre beurlaubt, um das Fach Zoologie im Rahmen einer Universitäts-Partnerschaft an der Universität von Kabul (Afghanistan) zu vertreten. Im Oktober 1966 kehrte er nach Bonn zurück, wo er sich 1969 habilitierte und 1971 zum außerplanmäßigen Professor ernannt wurde. Bei einer Exkursion in die Pyrenäen im Jahre 1991 kam es bei der Anfahrt mit einem Kleinbus in Paris zu einem Verkehrsunfall, bei dem Jochen NIETHAMMER schwere Schädelverletzungen davon getragen hat. Eine fast dreißigjährige erfolgreiche Forschertätigkeit fand damit ihr abruptes Ende. Schließlich vertrat **Hartmut BICK (*1929)** die Ökologie und Limnologie; er wurde 1972 als Nachfolger von WURMBACH an die Landwirtschaftliche Fakultät berufen.

Abb. 21: **Hanna-Maria ZIPPELIUS (1922–1994)** – ab 1966 Lehrbeauftragte für Verhaltensforschung am Zoologischen Institut, dann von 1972 bis 1987 Professorin und Leiterin der neugegründeten Abteilung Ethologie [Portrait-Foto *Autor unbekannt*, Fotoarchiv W. Alt]

Hanna-Maria ZIPPELIUS (1922–1994) ging nach einem kurzen Studienaufenthalt in Freiburg im Breisgau 1941 nach München, wo sie 1944 mit einer Arbeit über »Die Paarungsbiologie einer Orthoptere« promoviert wurde. Mehrere Forschungsstipendien der DFG ermöglichten ihr in den 1950er Jahren Arbeiten auf dem Gebiet der Ultraschall-Orientierung. Im Jahre 1959 arbeitete sie als Lehrbeauftragte für Verhaltensbiologie der Säugetiere am Zoologischen Institut der Universität Gießen, wo sie sich 1965 habilitierte. Ab April 1966 war Frau ZIPPELIUS Lehrbeauftrage für Verhaltensforschung an der Universität Bonn. Im November 1972 wurde sie in Bonn zur Professorin ernannt. Das Amt übte sie bis 1987 aus. Aufsehen erregte ihr 1992 erschienenes Buch »Die vermessene Theorie«, in dem sie sich kritisch mit der Instinkttheorie von Konrad LORENZ auseinandersetzt.

In Nachfolge von Rolf DANNEEL wurde im Jahre 1970 **HANS SCHNEIDER (*1929)** aus Tübingen als Direktor des Zoologischen Instituts berufen. Von 1949 bis 1956 studierte er in Bamberg und München Naturwissenschaften. Nach seiner Promotion an der Universität München im Jahre im Jahre 1956 mit einer Arbeit über Insektensymbiosen übernahm er am dortigen Zoologischen Institut die Stelle eines Wissenschaftlichen Assistenten. 1957 wechselte er an das Zoophysiologische Institut der Universität Tübingen. Dort habilitierte er sich 1963, wurde 1964 zum Privatdozenten und 1969 zum apl. Professor ernannt. Während er in Tübingen über die Ultraschallorientierung bei Fledermäusen arbeitete, begann er 1959 anlässlich eines Forschungsaufenthaltes an der Universität Wisconsin in Madison mit Untersuchungen über die Lautäußerungen bei Fischen, die er dann in Tübingen fortführte. 1965 wandte er sich den Froschlurchen zu und gestaltete sein Hauptarbeitsgebiet, die Bioakustik der Froschlurche, in Verbindung mit verhaltensphysiologischen, physiologischen und anatomischen Analysen sowie systematischen und tiergeographischen Untersuchungen in zahlreichen Ländern Europas und des Nahen Ostens. Da am Zoologischen Institut in Bonn morphologische und zytologische Forschungsrichtungen gut vertreten waren, war es ein Anliegen von SCHNEIDER, die Physiologie und Verhaltensforschung in Forschung und Lehre zu stärken und moderne Methoden einzuführen.

Abb. 22: **Hans SCHNEIDER (*1929)** – Zoophysiologe, von 1970 bis zu seiner Emeritierung im Jahr 1994 Ordinarius und Direktor des Zoologischen Institutes im Poppelsdorfer Schloss [Portrait-Foto ca. 2015 *Barbara Block (Heidelberg)*, © H. Schneider]

Mit Hans SCHNEIDER kam im Jahre 1970 als Wissenschaftlicher Assistent **Uwe SCHMIDT (*1939)** aus Tübingen. Er arbeitete sinnesphysiologisch an Mäusen und blutsaugenden Fledermäusen. Nach seiner Habilitation im Jahre 1975 wurde er im Jahre 1979 zum apl. Professor und 1982 zum C2-Professor ernannt. Nach seiner Entpflichtung (2004) wurde die Stelle nicht wieder besetzt.

Mit Inkrafttreten des neuen Hochschulgesetzes am 1. Januar 1980 wurden die Abteilungs- und Arbeitsgruppenleiter zu C3-Professoren, die Herren SCHOLTYSECK und WEIẞENFELS wurden zu C4-Professuren ernannt. Im Zeitraum von 1987 bis 1992 kam es infolge von altersbedingten Entpflichtungen und nachfolgenden Berufungen auswärtiger Wissenschaftler zu einem umfassenden Wechsel in der Dozentenschaft des Zoologischen Instituts. Die noch in der Amtszeit von Hans SCHNEIDER Berufenen sind: Hans-Georg HEINZEL, Steven F. PERRY, Nobert KOCH und Anne RASA. Die C4-Professur für Protozoologie wurde nach der Entpflichtung von Erich SCHOLTYSECK der Botanik zur Einrichtung eines Lehrstuhls für Systematische Botanik zur Verfügung gestellt. Den Ruf erhielt Wilhelm BARTHLOTT (siehe folgendes Kapitel ›Botanik‹).

Abb. 23: **Hans Georg HEINZEL (*1949)** – von 1989 bis zur Entpflichtung 2014 Professor am Zoologischen Institut und Leiter einer neu strukturierten Abteilung für Neurophysiologie [Portrait-Foto 2016 *Monika Heinzel (Bonn – Bad Godesberg)*, © H. G. Heinzel]

Nach der Entpflichtung von Ernst WENDT im Jahre 1989 übernahm **Hans Georg HEINZEL (*1949)** die Leitung der Abteilung für vergleichende Tierphysiologie, welche gleichzeitig in ›Abteilung für Neurobiologie‹ umbenannt wurde. HEINZEL hat an der Universität Düsseldorf Biologie studiert. Im Jahre 1975 erwarb er das Diplom und wurde 1978 promoviert. Im selben Jahr wechselte er als wissenschaftlicher Assistent an den Lehrstuhl für Tierphysiologie des Zoologischen Instituts der Universität Köln. Dort habilitierte er sich 1988 mit Arbeiten über Neuromodulation, neuronale Netzwerke und Verhalten des stomatogastrischen Nervensystems der Languste. Dieses Forschungsgebiet verfolgte er auch in Bonn. Im August 2014 wurde HEINZEL in den Ruhestand versetzt. Die Stelle bleibt bis auf weiteres unbesetzt.

Nachfolger von Jochen NIETHAMMER wurde 1995 **Steven F. PERRY (*1944)**. Er wurde mit einer Dissertation zu morphologischen Untersuchungen der Schildkrötenlungen an der Boston University promoviert. Seine Untersuchungen zur evolutiven Entwicklung der Amniotenlungen an der Universität Gießen führten zu seiner Habilitation an der Universität Oldenburg, wo er auf einer bis 1990 befristeten C2-Professur, angestellt war. Danach wechselte er an die Calgary University. Nach seiner Berufung nach Bonn baute er eine Arbeitsgruppe mit dem Forschungsschwerpunkt »Funktionsmorphologie und Evolution der Atmungssysteme« auf. Seit 2004 ist er im Ruhestand.

Abb. 24: **Steven F. Perry (*1944)** – Entwicklungsbiologe und Funktionsmorphologe, 1995–2009 Professor für Morphologie und Systematik der Tiere am Zoologischen Institut [Passfoto © S. Perry]

Nachfolgerin von Hanna-Maria Zippelius wurde 1991 **Anne Rasa (*1940).** Ihren Bachelor auf Science erwarb sie 1961 am Imperial College der Universität von London, den Master of Science 1965 an der Universität von Hawaii. Sie ging dann mit einem Stipendium an das Max-Planck-Institut für Verhaltensphysiologie in Seewiesen zu Konrad Lorenz. In dieser Zeit arbeitete sie über Aggression bei Fischen und wurde 1970 an der Universität London promoviert. In Seewiesen begann sie ihre Studien über die Zwergmangusten. 1975 wechselte sie als wissenschaftliche Mitarbeiterin an die Universität Marburg, wo sie 1981 mit ihrer Arbeit über die Verhaltensontogenie von Zwergmangusten habilitiert wurde. Mit einem Heisenberg-Stipendium arbeite sie von 1981 bis 1986 an der Universität Bayreuth. Dort studierte sie das Verhalten der Zwergmangusten in freier Wildbahn. Die Ergebnisse ihrer Studie sind 1984 in ihrem weltweit beachteten Buch »Die perfekte Familie« erschienen. Von 1986 bis 1991 lehrte Anne Rasa an der Universität von Pretoria und folgte 1991 dem Ruf an die Universität Bonn. Hier lehrte sie Ethologie bis zu ihrer Entpflichtung im Jahre 2000.

Abb. 25: **Horst Bleckmann (*1948)** – Zoologe und Neurophysiologe, seit 1994 Ordinarius am Institut für Zoologie im Poppelsdorfer Schloss, Leiter der Abteilung Vergleichende Sinnes- und Neurobiologie, Aufbau einer Arbeitsgruppe zur Bionik von Fischen [Foto ca. 2015 *Frau Rabus, Sekretärin am Institut für Zoologie*, © H. Bleckmann]

Nach Hans Schneiders Emeritierung im Jahre 1994 wurde der Zoophysiologe **Horst Bleckmann (*1948)** als Nachfolger berufen. Er hatte an der Universität Gießen Naturwissenschaften studiert. Im Jahre 1977 erwarb er das Diplom in Biologie und wurde 1979 dort auch promoviert. Von 1979 bis 1981 arbeitete er als Wissenschaftlicher Angestellter am Institut für Tierphysiologie der Universität Gießen. Von 1981 bis 1984 war er Wissenschaftlicher Angestellter am Zoologischen Institut der Universität Frankfurt, wo er sich auch habilitierte. Nach einem Aufenthalt als Gastwissenschaftler am Scripps Institut in San Diego war er von 1987 bis 1989 Heisenberg-Stipendiat an der Universität Bielefeld, von 1992 bis 1994 Inhaber des Lehrstuhls für Neurophysiologie an der TH Darmstadt. Von dort folgte er 1994 dem Ruf aus Bonn auf den Lehrstuhl für Zoologie und Neurophysiologie. Horst Bleckmanns Forschungsthemen reichen von der Sinnesphysiologie in den verschiedensten Tiergruppen über die Verhaltensphysiologie, die sensorische Ökologie, die Neurophysiologie bis zur funktionellen Anatomie. In die Amtszeit von Bleckmann fiel auch die Regelung der Nachfolge von Weißenfels, Frau Rasa und Perry. Als Nachfolger von Anne Rasa wurde 2002 **Gerhard von der Emde (*1957)** berufen, und zwar auf die umbenannte C3-Professur für ›Sensorische Ökologie/Neuroethologie‹. Gerhard von der Emde hat in Tübingen studiert und wurde dort auch 1987 promoviert. Seine Habilitation erfolgte 1995 in Regensburg, worauf er bis 2000 als Heisenberg-Stipendiat an der Bonner Universität bei Bleckmann arbeitete. Nach einem Aufenthalt an der Universität von Seattle folgte er 2002 dem Ruf aus Bonn. Sein Forschungsfeld erstreckt sich auf die neuronalen Grundlagen tierischen Verhaltens.

Abb. 26: **Gerhard von der Emde (*1957)** – seit 2002 Professor für Neuroethologie und Sensorische Ökologie mit gleichnamiger Abteilung am Institut für Zoologie [Foto *Karin von der Emde (Bonn)*, © G. von der Emde]

Als Nachfolger von Steven Perry wurde 2009 **Michael H. Hofmann (*1961)** auf die umbenannte C3-Professur für ›Vergleichende Neuroanatomie‹ berufen. Hofmann hatte in Göttingen studiert und wurde dort 1992 mit einer neuroanatomischen Arbeit promoviert. Von 1993 bis 1995 war er Postdoc an der University of California in San Diego und am Scripps Institut in La Jolla. Danach war er bis 2004 Wissenschaftlicher Assistent in Bonn am Institut für Zoologie, wo er im Jahre 2000 habilitiert hat. Von Bonn wechselte er 2004 als Assistant Professor an die Universität von Missouri in St. Louis. Dort blieb er, bis ihn 2009 der Ruf aus Bonn erreichte, dem er folgte. Hofmanns Arbeitsgebiet ist die Evolution und Diversität von Gehirnen.

Abb. 27: **Michael Hofmann (*1961)** – seit 2009 Professor am Institut für Zoologie und Leiter einer neu strukturierten Abteilung Vergleichende Neuroanatomie [Foto 2016 *Sonja Zens, TA am Institut für Zoologie*, © M. Hofmann]

Mit der Berufung von Gerhard von der Emde und Michael Hofmann war es Horst Bleckmann gelungen, die Bonner Zoologie zu einem Zentrum für Vergleichende Neurobiologie zu entwickeln. Während seiner Amtszeit konnte 1999 nach 7-jähriger Vakanz die Besetzung der Professur für Entwicklungsbiologie (Nachfolge WEIßENFELS) erfolgen. Berufen wurde **Michael HOCH (*1961)**. Er hatte von 1983 bis 1989 an der Universität Heidelberg Biologie studiert und wurde an der Universität München promoviert. Von 1992 bis 1994 war er wissenschaftlicher Assistent am Münchener Max-Planck-Institut für Biophysikalische Chemie in der Abteilung für Molekulare Entwicklungsbiologie. Von 1994 bis 1998 leitete er dort eine Nachwuchsgruppe. Seine Habilitation für Zellbiologie und Entwicklungsgenetik erfolgte an der Technischen Universität Braunschweig. Nach seiner Berufung 1999 auf den Lehrstuhl für Molekulare Entwicklungsbiologie am Bonner Institut für Zoologie war Michael HOCH einer der Hauptinitiatoren für die Gründung einer siebten Fachgruppe »*Molekulare Biomedizin*« an der Mathematisch-Naturwissenschaftlichen Fakultät.

Nachfolger von Günther STEIN im Zoologischen Institut (siehe oben) wurde 1990 **Norbert KOCH (*1950)**, ein Immunbiologe. Er hat an der Universität Marburg Chemie studiert und war dort im Fach Immunbiologie promoviert worden. Habilitiert hat er sich 1986 an der Universität Heidelberg, von wo er 1990 einem Ruf nach Bonn folgte. Die fachliche Neuausrichtung der Stelle war von der Fachgruppe Biologie beeinflusst und durchgesetzt worden. Das Arbeitsgebiet von Norbert KOCH war jedoch von den Arbeitsgebieten der Kollegen am Zoologischen Institut zu weit entfernt, als dass sich eine Zusammenarbeit hätte ergeben können.

Institut für Angewandte Zoologie – Institut für Evolutionsbiologie und Ökologie

Das 1965 gegründete Institut für Angewandte Zoologie wurde bereits erwähnt. Sein erster Direktor, Werner KLOFT (*1925), hatte in Würzburg Naturwissenschaften studiert, wurde 1948 bei Karl GÖßWALD promoviert und erwarb dort auch 1956 die *venia legendi* in Angewandter Zoologie. Von 1950 bis 1958 war er Wissenschaftlicher Assistent, danach Oberassistent; 1963 wurde er zum apl. Professor ernannt, 1965 folgte er dem Ruf nach Bonn. KLOFT hat sich als vielseitiger Entomologe und Acarologe einen Namen gemacht. Er nutzte Radioisotopen in der Insektenökologie. Hervorgehoben sei sein Buch »Ökologie der Tiere« (1978).

Abb. 28: **Werner Kloft (*1925)** – Entomologe und Ökologe, ab 1965 Ordinarius und erster Direktor des neugebauten Instituts für Angewandte Zoologie auf dem Campus Endenich; auch nach seiner Emeritierung 1990 noch bis 1999 Schriftführer des ›Wissenschaftlichen Kränzchens‹ und weiterhin dessen Mitglied [Portrait ca. 1965 *Fotograph unbekannt*, Universitätsarchiv Bonn]

Er übernahm den Lehmensick-Schüler **Ernst Kullmann (1931–1996)** als Mitarbeiter. Dieser hat in Bonn Medizin und Naturwissenschaften studiert und wurde 1957 mit einer arachnologischen Dissertation promoviert. Bis 1964 war er Wissenschaftlicher Assistent an der Parasitologischen Abteilung des Zoologischen Instituts. 1963 erfolgte seine Habilitation in den Fächern Zoologie und Parasitologie. Von 1962 bis 1966 war Ernst Kullmann Mitglied der deutschen Forschergruppe an der ›Faculty of Science‹ der Universität Kabul. Von Kloft hatte Kullmann die Tracertechnik erlernt und auf seine Fragestellungen angewandt. So war es ihm gelungen, die Regurgitationsfütterung als wesentliches Element der Brutfürsorge bei Haubennetzspinnen nachzuweisen. 1970 wurde er zum Wissenschaftlichen Rat und Professor ernannt und 1972 erhielt er einen ehrenvollen Ruf an die Universität Kiel, wo er den Lehrstuhl für Allgemeine Zoologie von Adolf Remane übernahm (Sauer 1997).

Auf Klofts Betreiben wurde 1974 **Gerhard Kneitz (*1934)** auf die frei gewordene Professur berufen. Dieser hat in Würzburg Naturwissenschaften studiert und wurde 1964 bei Karl Gößwald promoviert. Nach fünf Jahren als Wissenschaftlicher Assistent wurde er 1969 zum Akademischen Rat ernannt. Bis zu seiner Pensionierung 1999 hat er hauptsächlich die Freilandökologie in Bonn vertreten und auf diesem Gebiet eine große Zahl von Schülern ausgebildet.

Abb. 29: **Gerhard Kneitz (*1934)** – Zoologe und Ökologe, von 1974 bis 1999 Professor am Institut für Angewandte Zoologie, maßgebliche Mitwirkung beim fachübergreifenden Studienschwerpunkt ›Ökologie und Umwelt‹ [Foto ca. 2000 *Theresa Müller*, www.bund-naturschutz.de]

Nach Klofts Emeritierung 1990 folgte nach einer Vakanz von zwei Jahren der Evolutionsbiologe **Klaus Peter Sauer (*1941)** dem Ruf auf den Lehrstuhl für Zoologie und Ökologie. Sauer hat an der Universität Gießen Naturwissenschaften studiert und wurde 1969 promoviert. Von 1970 bis 1971 bekleidete er die Stelle eines Wissenschaftlichen Assistenten am I. Zoologischen Institut der Universität Gießen. Ende 1971 wechselte er in gleicher Funktion an die Universität Freiburg, wo er sich 1977 habilitierte. Im Jahre 1979 wurde Sauer als ordentlicher Professor auf den neu eingerichteten Lehrstuhl für Experimentelle Evolutionsforschung an die Fakultät für Biologie der Universität Bielefeld berufen; 1992 folgte er dem Ruf an die Universität Bonn als Leiter des Instituts für Angewandte Zoologie. Mit ihm wurde die experimentelle, aber auch die historische Evolutionsbiologie in der Bonner Zoologie in Forschung und Lehre stark akzentuiert. Das kommt auch in der Umbenennung des Instituts in »Institut für Evolutionsbiologie und Ökologie« programmatisch zum Ausdruck. Sauers Forschungsinteressen liegen auf dem Gebiet der experimentellen Evolutionsökologie, mit dem Schwerpunkt der Analyse der Wirkung der sexuellen und natürlichen Selektion in der Evolution von Paarungssystemen, bevorzugt der Arten der Skorpionsfliegen. Dazu wurden u. a. mit molekulargenetischen Methoden Spermienkonkurrenz-Mechanismen analysiert.

Abb. 30: **Klaus Peter Sauer (*1941)** – Zoologe und experimenteller Evolutionsbiologe, von 1992 bis zur Emeritierung 2008 Ordinarius und Leiter des umstrukturierten Instituts für Evolutionsbiologie und Ökologie [Foto 2008 *Lichtbildatelier Schafgans (Bonn)*, © K. P. Sauer]

In die Amtszeit von Sauer fiel auch die Regelung der Nachfolge Kneitz. Ende 1999 wurde der Evolutionsökologe **Theo Bakker (*1952)** berufen. Er hat an der Universität Groningen (Niederlande) Biologie mit Schwerpunkt Zoologie studiert. Nach einem Promotionsstudium an der Universität Leiden (Niederlande) wurde er dort 1986 promoviert. Im Jahre 1988 wechselte er als Wissenschaftlicher Assistent an die Universität Bern (Schweiz) und habilitierte sich dort im Jahre 1994. Von 1995 bis 1999 war er Oberassistent. 1999 folgte er dem Ruf nach Bonn. Die Forschungsschwerpunkte von Theo Bakker umfassen verschiedene Evolutionsprozesse in aquatischen Ökosystemen, insbesondere die Evolutionsökologie der sexuellen Selektion bei Fischen.

Abb. 31: **Theo Bakker (*1952)** – Evolutionsökologe, seit 1999 Professor am Institut für Evolutionsbiologie und Ökologie, Mitwirkung beim Studienschwerpunkt ›Ökologie und Umwelt‹ [Foto ca. 2010 *Petra Bakker-Pijn (Alfter)*, © Th. Bakker]

Nach der Emeritierung von Klaus Peter Sauer im Jahre 2008 wurde **Thomas Bartolomaeus (*1959)** als Nachfolger und Leiter des Instituts berufen. Er hat an der Universität Göttingen Biologie studiert und wurde dort 1987 mit einer

Dissertation über die Ultrastruktur der Nierenorgane der Bilateria promoviert. Von 1987 bis 1993 war BARTOLOMAEUS Hochschulassistent am II. Zoologischen Institut der Universität Göttingen. 1993 hat er sich dort habilitiert und war bis 1998 Hochschuldozent. Danach folgte er einem Ruf der Fakultät für Biologie der Universität Bielefeld als Leiter der Abteilung für Morphologie und Systematik und wechselte 2002 auf den Lehrstuhl für Evolution und Systematik der Tiere an der Freien Universität Berlin. Im Jahre 2008 folgte er schließlich dem Ruf aus Bonn. BARTOLOMAEUS' Forschungsinteressen liegen auf dem Gebiet der historischen Evolutionsforschung. Er ist ein Morphologe und Phylogenetiker. Ein Schwerpunkt seiner Forschung ist die Ontogenese und Evolution von Leibeshöhlen und Nierenorganen. Bei seinen Untersuchungen konzentriert er sich auf die Evolution und Stammesgeschichte wirbelloser Tiere.

Abb. 32: **Thomas BARTOLOMAEUS (*1959)** – Tiermorphologe und Phylogenetiker, als Nachfolger von SAUER seit 2008 Professor und Leiter des Instituts für Evolutionsbiologie und Ökologie [Portrait aus der Broschüre ›Biologie in Bonn 2010‹ © Th. Bartolomaeus]

Institut für Zoophysiologie – Institut für Molekulare Physiologie und Entwicklungsbiologie

Im Jahre 1977 war im Bereich der Zoologie noch einmal eine Neugründung erfolgt, nämlich eines Instituts für Zoophysiologie. Diese Neugründung war notwendig geworden, um die Medizinerausbildung sicher zu stellen. Als Direktor dieses Instituts wurde **Rainer KELLER (*1936)** berufen. KELLER hatte an der Freien Universität Berlin Biologie studiert und war dort 1964 promoviert worden. Danach war er bis 1970 am Institut für Tierphysiologie Wissenschaftlicher Assistent. In diese Zeit fällt die intensive Auseinandersetzung mit der Stoffwechselregulation durch Neurohormone bei Krebsen. Mit diesen Arbeiten hat sich KELLER 1970 habilitiert. Von 1977 an war er Wissenschaftlicher Rat und Professor. Im Jahre 1973 folgte er einem Ruf auf eine Professur an der Universität Ulm. 1977 wechselte KELLER schließlich auf den Lehrstuhl für Zoophysiologie in Bonn, wo er nach fast 25-jähriger wirkungsvoller Tätigkeit im Jahre 2001 emeritiert wurde. Seine zentralen Arbeitsgebiete sind die hormonalen Mechanismen bei Arthropoden und die Neurosekretion, wobei auch angewandte und umweltrelevante Aspekte eine Rolle spielen, zum Beispiel die hormonähnliche Wirkung von Umweltchemikalien. KELLER setzt seine Forschungen als Mitarbeiter am Forschungsmuseum Alexander Koenig weiterhin fort.

Abb. 33: **Rainer KELLER (*1936)** – Zoologe und Stoffwechsel-Physiologe, von 1977 bis zur Emeritierung im Jahre 2001 Ordinarius und Direktor des neu gegründeten Instituts für Zoophysiologie; Mitwirkung bei der Biologie-Ausbildung von Medizinern und als Mitarbeiter am Museum Koenig [Foto im Institut-Dienstzimmer ca. 2000, © R. Keller]

Nach der Emeritierung von Rainer KELLER wurde im Jahre 2002 **Waldemar KOLANUS (*1959)** berufen, ein Vertreter der molekularen Immun- und Zellbiologie. Gleichzeitig wurde die Abteilung für ›Entwicklungsbiologie‹ (HOCH) aus dem Zoologischen Institut herausgelöst und in das ehemals KELLER'sche Institut überführt. Das Institut erhielt den neuen Namen »Institut für Molekulare Physiologie und Entwicklungsbiologie«. Während KOCH mit seiner Abteilung für ›Immunbiologie‹ aus dem Institut für Zoologie schließlich in das für Genetik übertrat (siehe Kapitel ›Genetik‹), wechselte das neue Institut mit erweiterten Forschergruppen im Jahre 2006 unter dem Namen »Life and Medical Sciences« (LIMES-Institut) in eine eigens gegründete Fachgruppe »Molekulare Biomedizin«.

Zoologisches Forschungsinstitut und Museum Alexander Koenig

Eine bemerkenswerte Entwicklung in der Bonner Zoologie steht im Zusammenhang mit dem 1934 neu eröffneten Zoologischen Forschungsinstitut und Museum Alexander Koenig. Über lange Zeit hatte es keine besonders enge Verbindung bzw. Zusammenarbeit mit den Zoologen an der Universität gegeben. Dies änderte sich, als 1989 **Clas (Michael) NAUMANN ZU KÖNIGSBRÜCK (1939–2004)** Direktor des Museums wurde (Keller 2000, Naumann 2000). Der

Empfehlung des Wissenschaftsrates und der Absicht des Ministeriums sowie der Fachgruppe Biologie folgend, wurde eine Verbindung mit der Universität dadurch erreicht, dass Clas NAUMANN in Personalunion als Museumsdirektor und Professor für »Spezielle Zoologie« an die Mathematisch-Naturwissenschaftliche Fakultät berufen wurde. NAUMANN hat diese enge Verbindung sehr gefördert und zu einer festen Größe gemacht. Vor seiner Berufung hatte **Wolfgang BÖHME (*1944)**, der Leiter der Sektion Herpetologie am Museum Koenig, ab Wintersemester 1980/1981 an der Universität gelehrt und Studenten betreut. Im Jahre 1988 hat dieser sich habilitiert und die *venia legendi* in Zoologie erhalten. 1996 wurde er zum apl. Professor der Universität Bonn ernannt.

Abb. 34: **Clas NAUMANN (1939–2004)** – nach einer Zoologie-Dozentur in Kabul (Afghanistan) 1973–74 Assistent am Institut für Angewandte Zoologie, dann von 1989 bis zu seinem Tode Professor für Spezielle Zoologie in der Bonner Fachgruppe Biologie und gleichzeitig Direktor des Zoologischen Forschungsinstituts und Museums Alexander Koenig an der Adenauerallee [Portrait-Foto ca. 1995 *Autor unbekannt*, Universität Bonn]

Nach dem Studium der Biologie in Tübingen wurde NAUMANN 1970 mit einer Arbeit zur Systematik und Phylogenie einer Schmetterlingsfamilie an der Universität Bonn promoviert. Zum Zeitpunkt seiner Promotion hatte die Universität Bonn einen Partnerschaftsvertrag mit der Universität Kabul in Afghanistan. Clas NAUMANN ergriff die sich ihm bietende Gelegenheit, um für zwei Jahre als Dozent für Zoologie in Kabul tätig zu werden. Aus Afghanistan nach Bonn zurückgekehrt, war NAUMANN von 1973 bis 1974 Wissenschaftlicher Assistent am Institut für Angewandte Zoologie. In dieser Zeit hat er die Auswertung seiner afghanischen Felduntersuchungen zu phylogentisch-zoogeographischen Problemen an Zygaeniden vorangetrieben. Dieser Gruppe, den Widderchen, galt seine besondere Aufmerksamkeit und sie bestimmte sein wissenschaftliches Opus. Von 1975 bis zu seiner Habilitation im Jahre 1977 war NAUMANN als Wissenschaftlicher Assistent am Lehrstuhl für Spezielle Zoologie am Zoologischen Institut der Universität München tätig. Gleichzeitig mit seiner Habilitation wurde er als Wissenschaftlicher Rat und Professor an die Fakultät für Biologie der Universität Bielefeld berufen und mit der Leitung der Abteilung für Morphologie und Systematik der Tiere betraut. Nach zwölf fruchtbaren Jahren in Bielefeld schloss sich ein Lebenskreis. Mit der Annahme des Rufes auf den Lehrstuhl für Spezielle Zoologie an der Universität Bonn, verbunden mit der Leitung des Museums Koenig, ist NAUMANN nach 15 Jahren an die Fakultät zurückgekehrt, die ihn promoviert hatte. Es verblieben ihm noch weitere fünfzehn Jahre, in denen er das Museum Koenig zu einer attraktiven Forschungsstätte ausgebaut hat. Er verstarb im Jahre 2004.

Abb. 35: **Wolfgang WÄGELE (*1953)** – seit 2004 Universitäts-Professor für Spezielle Biologie sowie Direktor des Zoologischen Forschungsinstituts und Museums Alexander Koenig, dort Leiter des Zentrums für Taxonomie [Foto bei einem Vortrag April 2016 im Rahmen der CMS (Bonner Konvention für den Schutz wandernder Tierarten), © W. Wägele]

Als Nachfolger von Clas NAUMANN wurde im Jahre 2004 **(Johannes) Wolfgang WÄGELE (*1953)** auf den Lehrstuhl für Spezielle Zoologie berufen und mit der Leitung des Museums Koenig betraut. Nach den Studien der Biologie und Chemie an der Universität Kiel war er dort 1980 promoviert worden. 1981 wechselte er als Akademischer Rat an die Universität Oldenburg, wo er sich 1988 habilitierte. 1991 folgte WÄGELE einem Ruf an die Universität Bielefeld, wo er als Nachfolger von Clas NAUMANN die Leitung der Abteilung für Morphologie und Systematik übernahm. Ende 1996 wechselte er auf den Lehrstuhl für Spezielle Zoologie an der Universität Bochum und übernahm schließlich 2004 die Leitung des Museums Koenig.

Die zahlreichen Expeditionen in die Antarktis – vor allem mit der ›Polarstern‹ – weisen auf WÄGELES Forschungsschwerpunkte hin. Seit seiner Dissertation hat er sich mit der Taxonomie und Stammesgeschichte der Asseln (Isopoda), einer Krebsgruppe, beschäftigt. Bei seinen Untersuchungen auf der Grundlage der Theorie der gemeinsamen Abstammung nutzt WÄGELE sowohl klassische morphologische als auch molekulare Merkmale.

Wie seine Vorgänger hat auch Wolfgang WÄGELE den Ausbau des Museums zu einer attraktiven Forschungsstätte auf dem Gebiet der Evolution und Phylogenie der Tiere mit großem Erfolg vorangetrieben. So ist es ihm gelungen, einen weiteren Lehrstuhl am Museum einzurichten, den Lehrstuhl für Molekulare Biodiversitätsforschung. Damit besteht das Museum jetzt aus zwei Zentren: dem Zentrum für Taxonomie und dem neuen Zentrum für Molekulare Biodiversitätsforschung. WÄGELE leitet als Direktor des Museums Koenig auch das Zentrum für Taxonomie.

Abb. 36: **Bernhard MISOF (*1965)** – Zoologe und Phylogenetiker, seit 2010 Professor und stellvertretender Direktor des Forschungsinstituts und Museums Alexander Koenig sowie Leiter des dortigen Zentrums für Molekulare Biodiversitätsforschung [Foto © B. Misof]

Auf den neu eingerichteten Lehrstuhl wurde 2010 **Bernhard MISOF (*1965)** berufen. Als Leiter des Zentrums für Molekulare Biodiversitätsforschung ist er gleichzeitig stellvertretender Direktor des Museums Koenig. Bernhard MISOF hat in Wien Biologie studiert und 1991 mit dem Diplom abgeschlossen. Danach ging er für gut drei Jahre an die Yale Universität in New Haven, um Homeobox-Gene bei niederen Wirbeltieren zu analysieren. Mit den Ergebnissen dieser Untersuchung wurde er 1995 an der Universität Wien promoviert. Im selben Jahr wechselte MISOF als Postdoc an das Institut für Evolutionsbiologie und Ökologie der Universität Bonn. Im Jahre 1999 wurde er dort Wissenschaftlicher Mitarbeiter und übernahm von 2001 bis 2008 am Museum Koenig die Stelle des Kurators für basale Arthropoden. Diese Aufgabe war mit der Leitung des Molekularlabors verbunden. Im Jahre 2008 folgte MISOF einem Ruf auf einen Lehrstuhl an der Universität Hamburg, um schließlich 2010 wieder an das Museum Koenig zurückzukehren. Dort vertritt er im Schwerpunkt die molekulare Systematik. Er untersucht vor allem die Evolution basaler Hexapoden.

Die enge Zusammenarbeit des Museums mit den Universitäts-Zoologen öffnet Bonner Studierenden den Zugang zu den bedeutenden wissenschaftlichen Ressourcen des Museums. Das Angebot auf den Gebieten Biodiversität, Taxonomie, molekulare Systematik, Faunistik und Tiergeographie wird gut angenommen und das Museum hat jetzt einen festen Stellenwert im Unterricht und in der Ausbildung von Examenskandidaten.

Entwicklung der Botanik und des Botanischen Gartens sowie Ursprünge der Pharmazeutischen Biologie

Wolfgang Alt

In Bonn hat sich das Lehr- und Fachgebiet »Botanik« wie in den meisten europäischen Universitätsstädten zunächst innerhalb der Medizinischen Fakultät entwickelt, nämlich als die dort gebrauchte Lehre von pflanzlichen Heilmitteln und deren Anbau in den traditionellen ›Mediziner-Gärten‹, aus denen schließlich die ›Botanischen Gärten‹ als Institution hervorgegangen sind (Wagenitz 2002). So erhielt an der 1783 eingerichteten kurkölnischen Bonner Universität der theoretische Medizin-Professor Peter Wilhelm De Gynetti (1735–1804) spätestens 1786 einen Lehrstuhl für »Botanik, Semiotik [Taxonomie] und Physiologie« – parallel zum »Anatomie«-Lehrstuhl eines praktischen Mediziners. Während dann dem ›Botaniker‹ De Gynetti auch der 1789 um das damalige Anatomische Institut am nördlichen Stadtwall terrassenförmig angelegte (heute nicht mehr bestehende) erste Botanische Garten unterstand (Ullrich 1968a), wurde für die eigentliche Arzneikunde 1793 noch ein zusätzlicher Lehrstuhl »Chemie« geschaffen und mit dem Mediziner Ferdinand Wurzer (1765–1844) besetzt.

Aufbau des Botanischen Gartens und der Botanik/Pharmazie-Ausbildung (1818–1864)

Bei der Gründung der Preußischen Rhein-Universität 1818 ist diese für die Medizinische Fakultät bewährte Konstellation in ähnlicher Weise übernommen worden, nun allerdings – entgegen ursprünglichen Plänen und anders als in Berlin – ganz innerhalb der *Philosophischen Fakultät.* Denn dort umfasste traditionsgemäß das allgemeine Fach ›Naturgeschichte‹ die Bereiche Botanik, Zoologie, Mineralogie sowie Chemie und Physik, im Bonner Vorlesungsverzeichnis nun unter »Naturwissenschaften« zusammengefasst – alle diese Fächer waren zu Beginn im Poppelsdorfer Schloss untergebracht, inklusive der Professoren-Wohnungen (Becker 2012).

Abb. 37: **Christian Gottfried Nees von Esenbeck (1776–1858)** – von 1818 bis 1829 erster Ordinarius für Allgemeine Naturgeschichte und Botanik sowie Direktor des 1822 eröffneten Botanischen Gartens [Lithographie ca. 1825 von *C. Beyer*, Universitätsarchiv Bonn]

Der Zoologe und Paläontologe Goldfuss (siehe Kapitel ›Zoologie‹) war in Erlangen seit 1813 Sekretär der Akademie ›Leopoldina‹ gewesen, welche dort auf sein Betreiben hin im August 1818, allerdings mit knapper und auch umstrittener Mehrheit, einen neuen Präsidenten gewählt hatte, nämlich den 42-jährigen Mediziner und Botaniker **Christian Gottfried (Daniel) Nees von Esenbeck** (1776–1858). Dieser – erst seit 1816 Mitglied der ›Leopoldina‹ – war 1817 nach Erlangen berufen worden und folgte nun schon im Dezember 1818 dem Ruf auf das Bonner Ordinariat für »Allgemeine Naturgeschichte und Botanik«. Auf diese Weise hatte der preußische Kultusminister Altenstein, selbst ein begeisterter Botanik-Freund, in engem Kontakt mit Goldfuss und Nees die berühmte und nach den napoleonischen Kriegen in ihrer Existenz gefährdete ›Leopoldina‹ an die preußische Rhein-Universität geholt. Der intern noch angefochtene Präsident C. G. Nees bestellte sogleich die beiden Physik- und Chemie-Kollegen Carl Wilhelm Gottlob Kastner (1783–1857) und Carl Gustav Bischof (1792–1870) zu Adjunkten der Gesellschaft und erreichte, dass nach etlichen Behinderungen und Verzögerungen die stattliche Leopoldina-Bibliothek schließlich Ende April 1819 im Poppelsdorfer Schloss aufgestellt werden konnte – und zwar im Obergeschoss des südöstlichen Schlossteils, wo sich im Erdgeschoss der ›Marmorsaal‹, der heutige ›Gartensaal‹, befand. Dort wurden im Sommerhalbjahr die botanischen Vorlesungen und Demonstrationen abgehalten.

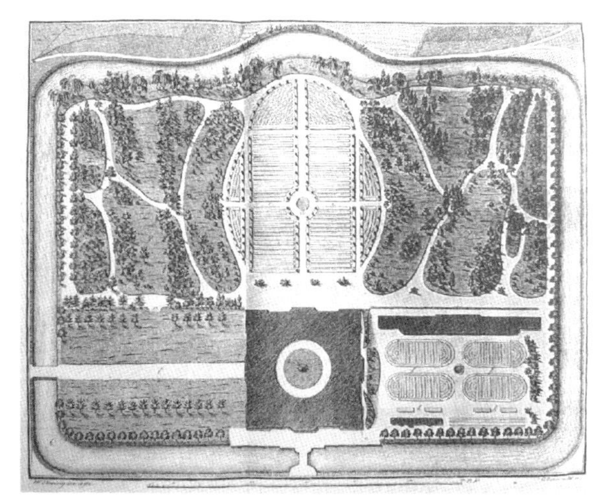

Abb. 38: Plan des Oktober 1822 eröffneten **Botanischen Gartens** mit Poppelsdorfer Schloss und umgebendem Schlossweiher [Lithographie 1823 nach W. Sinning von *G. Osterwald*, Archiv Botan. Garten Bonn]

In Orientierung am Berliner Botanischen Garten, den C. G. NEES im Sommer 1819 für einige Monate – in nahem Kontakt zum preußischen Ministerium – besucht hatte, war innerhalb weniger Jahre aus dem ehemaligen kurfürstlichen Barock-Garten des Poppelsdorfer Schlosses, welcher durch die französische Besatzung verwüstet worden war, ein wissenschaftlicher Botanischen Garten entstanden, der die bisherige Geländeaufteilung im Wesentlichen beibehielt. Federführend für die gesamte Konzeption und Planung war der vorher am Brühler Schloss tätige Obergärtner **Wilhelm (Werner Carl) SINNING (1791–1874)**, der einen Großteil der Pflanzen aus der dortigen ehemals kurfürstlichen »Orangerie« in den Poppelsdorfer Schlossgarten überführen konnte, hier auch das erste Gewächshaus erbaute sowie die Aussaaten der von zahlreichen Spendern aus allen Landen eingegangenen Samenproben besorgte (insgesamt 6131) (Barthlott 1990; Stoverock 2001). Das somit bis 1820/21 aufgebaute erste »Pflanzen-System« umfasste inklusive des weit ausgedehnten Arboretums ca. 4000 botanische Arten, wobei die mehrjährigen Pflanzen im ehemaligen »Barock-Parterre« angeordnet waren, welches in seiner groben Anlageform mit Wegen und zentralem Brunnen bis heute erhalten geblieben ist. Offenbar beachtete C. G. NEES bei der systematischen Gliederung des Gartens nicht nur das konventionelle ›künstliche System‹ (nach LINNÉ und SPRENGEL) entsprechend einiger *»vom Menschen willkürlich«* bestimmter Merkmalskriterien, sondern auch ein ›natürliches System‹ (nach JUSSIEU oder DE CANDOLLE bzw. nach eigenen Regeln), welches aufgrund ständiger Neuentdeckungen ein *»unendlich oft«* zu korrigierendes Abbild der wirklichen Pflanzenwelt und ihrer verwandtschaftlichen Verhältnisse darstellen sollte (zitiert nach Höpfner 1994: S. 41–42).

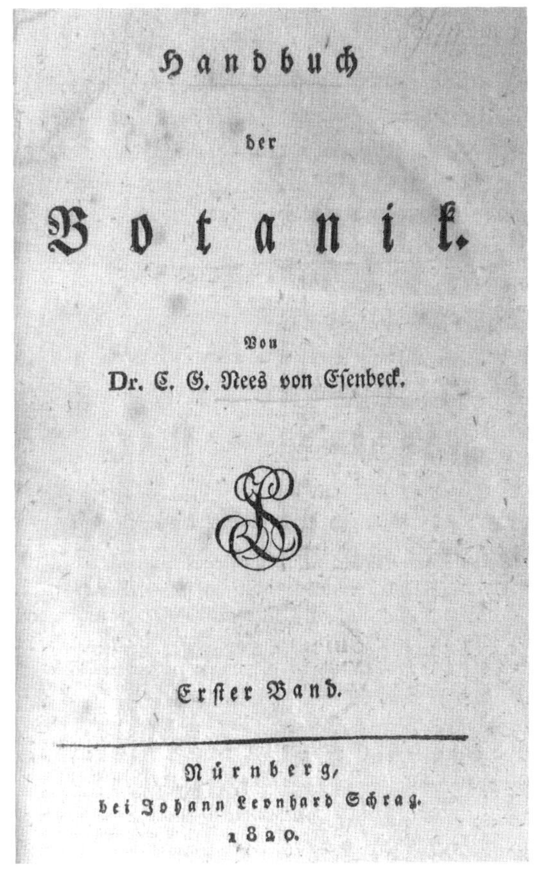
Handbuch
der
Botanik.
Von
Dr. C. G. Nees von Esenbeck.

Erster Band.

Nürnberg,
bei Johann Leonhard Schrag.
1820.

Abb. 39: »**Handbuch der Botanik**« (2 Bde. 1820/21) von Dr. C. G. Nees von Esenbeck, Titelseite des 1. Bandes [Ablichtung 2016, Original Universitätsbibliothek Bonn]

Der damals aktiv publizierende botanische Systematiker C. G. Nees, der als erster im deutschsprachigen Raum die niederen Pflanzen erforschte (»System der Pilze« 1816, »Bryologia germanica« 1823/31 mit J. Sturm und C. F. Hornschuch über Laubmoose), hatte eine eigene kritische Wissenschafts-Auffassung entwickelt, die auch in seinem »Handbuch der Botanik« (1820/21, siehe Abb. 41) zur Geltung kommt: In dessen naturphilosophischem ersten Teil fordert er, an Goethes Theorien anknüpfend, eine ›physiologische Metamorphosenlehre‹, welche den wissenschaftlichen Blick nicht nur auf die äußerlichen Lebensformen der Pflanzen und ihrer Organe lenkt, sondern auf deren »*innern Bau, von diesem auf die Lebensfunctionen, von beiden wieder auf die Beweg-*

lichkeit der Form« (zitiert nach Höpfner 1994). Ganze 30 Jahre später, nachdem er während der Revolutionsjahre 1848/49 in Breslau die (sozialdemokratische) Arbeitervereinigung mitgegründet hatte, in Berlin Abgeordneter der Preußischen Nationalversammlung geworden war und 1851 wegen seines radikalen Eintretens für soziale und religiöse Freiheiten (insbesondere aufgrund seiner freien Ehe mit der schlesischen Webertochter Johanna Christiana Kambach) von seinen sämtlichen Ämtern als Professor und Direktor des Breslauer Botanischen Gartens suspendiert worden war, veröffentlichte er 1852 eine »Allgemeine Formenlehre der Natur«. Mit naturphilosophischen Ansätzen einer ›physiologischen Entwicklungslehre‹ suchte er die eigen-gesetzmäßige Entstehung der Natur zu begreifen, welche *»den Grund ihres Werdens und ihres Bestehens in sich selbst«* trägt (zitiert nach Höpfner 1994). Dieses NEES'sche Spätwerk wurde sogar vom Darwinisten Ernst HAECKEL in seiner Schrift »Generelle Morphologie der Organismen« (1866) erwähnt[1].

Somit zeigt sich die beachtenswerte geistig-wissenschaftliche Breite und Tiefe des Universalgelehrten C. G. NEES VON ESENBECK sowohl in seinen sozialpolitischen Schriften als auch in der von ihm entwickelten, weit über SCHELLING hinausgehenden »Naturphilosopie« (1841), welche frühere Biographien als *»Spielerei mit Worten«* (Wunschmann 1886) oder gar als *»dunklen spekulativen Tiefsinn, um nicht zu sagen Unsinn«* (Fitting 1933) abgetan haben. Neben seiner unermüdlichen Arbeit als Präsident der Leopoldina sowie Herausgeber deren »Nova Acta« war seine Bonner Tätigkeit von Beginn an geprägt von einer fachübergreifenden Kollegialität, wie schon die 1819 publizierte Schrift »Die Entwicklung der Pflanzensubstanz – physikalisch, chemisch und mathematisch dargestellt«, welche er noch in Erlangen zusammen mit dem Chemiker Carl Gustav BISCHOF und dem Mathematiker H. A. ROTHE erarbeitet hatte. Seine vielfältigen Beziehungen zur Medizinischen Fakultät ermöglichten zudem, dass er den jungen Privatdozenten für »Physiologie und vergleichende Anatomie«, Johannes MÜLLER (1801–1858), schon einen Monat nach dessen legendärer Antrittsvorlesung 1824 in die Leopoldina aufnahm und ihn gleich zu deren Sekretär ernannte. Wie ein ›Senior-Chef‹ stand C. G. NEES sozusagen Pate an der Wiege der ›neuen Physiologie‹, die J. MÜLLER noch in Bonn entwickelte und dann ab 1833 in Berlin als ›Schule‹ begründete, aus welcher später etliche Bonner Ordinarien hervorgegangen sind (siehe auch Kapitel ›Zoologie‹ und Alt 2005).

Als ›Repetent der naturhistorischen Fächer‹ und ›Demonstrator‹ sowie als Inspektor des Botanischen Gartens hatte C. G. NEES 1819 auch seinen jüngeren Bruder, den Pharmazeuten und Botaniker **Theodor Friedrich Ludwig NEES VON ESENBECK (1787–1837)** von einer Garteninspektor-Stelle in Leiden an die Universität Bonn geholt, wo er sich für das Fach Botanik habilitierte mit einer Schrift

1 C.G. NEES hatte 1857, ein Jahr vor seinem Tode, Charles DARWIN in die Leopoldina berufen.

über ein natürliches System der Pilze, deren Verwandtschaften er durch eine ›verzweigte Wurzel‹ darstellte (Jahn 2004). Im NEES-SINNING-Team wirkte er wesentlich an Aufbau und Entwicklung des Botanischen Gartens mit und unterstützte, seit 1822 als Extraordinarius, seinen älteren Bruder in der botanischen Forschung und Lehre, besonders über ›kryptogame Gewächse‹ wie Moose und Farne.

Abb. 40: **Theodor Friedrich Ludwig NEES VON ESENBECK (1787–1837)** – Pharmazeut und Botaniker, seit 1819 Mitwirkung beim Aufbau des Botanischen Gartens, 1822 Extraordinarius im Poppelsdorfer Schloss und 1827 ordentlicher Professor für Pharmazie im Hofgartenschloss, ab 1835 Mitdirektor des Botanischen Gartens [Ausschnitt aus einer Lithographie 1835 von *Christian Hohe*, Universitätsarchiv Bonn]

Schon seit dem Sommersemester 1821 hatte Th. F. NEES im Anschluss an die vorher von KASTNER gelesene »Pharmaceutische Chemie« für Mediziner deren Ausbildung in »Praktischer Pharmacie« und »Pharmaceutischer Botanik« übernommen, letztere zunächst angekündigt als Vorlesungen über »Medicinalpflanzen und pharmaceutische bzw. medicinische Waarenkunde«. Daraufhin wurde er 1827 per ministeriellen Erlass zum ordentlichen Professor für »Pharmazie« ernannt. Ab 1828 wurden seine Vorlesungen von der Philosophischen Fakultät unter ›Naturwissenschaften‹ angekündigt, wie dann auch regelmäßig wieder eine »Pharmaceutische Chemie« bzw. »Pharmacie« von dem Chemie-Dozenten C. W. BERGEMANN (Rücker & Panatowski 2009) – dieses alles parallel zur »Arzneimittellehre« von Ernst BISCHOFF und weiterer Kollegen in der Medizinischen Fakultät. Sowohl das (spätestens seit 1838) von BERGEMANN im Hofgarten-Schloss betriebene »Pharmazeutisches Laboratorium« als auch der von E. BISCHOFF geleitete »Königliche Apparat der Arzneistoffe«, aus dem der »Pharmakologische Apparat« und 1871 das Pharmakologische Institut der Medizinischen Fakultät hervorgegangen sind, gehen wohl beide auf eine »vollständige Sammlung von Heilpflanzen und Präparaten« zurück, welche schon vor

1825 von Th. F. NEES aufgebaut worden war, und zwar im Poppelsdorfer Schloss, wo sich nach 1945 noch Reste davon gefunden haben (pers. Mitteilung Glombitza). In den Jahren 1821–1830 publizierte er die »Plantae officinales« und 1830–1832 gemeinsam mit C.H. EBERMAIER ein zweibändiges »Handbuch der medicinisch-pharmaceutischen Botanik« (Jahn 2004). Auch initiierte er 1834 zusammen mit dem Koblenzer Gymnasiallehrer Philipp WIRTGEN den *Botanischen Verein am Mittel- und Niederrhein*, dessen Vorsitz er innehatte und aus welchem 1843 der heute noch bestehende *Naturhistorische Verein der Rheinlande und Westphalens* erwuchs (siehe Kapitel ›Bezüge zu anderen Wissenschaftsbereichen‹).

In der Tat wahrte Th. F. NEES die Kontinuität der Bonner Gründungs-Botanik nach dem Versetzungsgesuch seines älteren Bruders im August 1829, indem er vertretungsweise die Direktion des Botanischen Gartens übernahm; denn C. G. NEES hatte wegen eines intimen Verhältnisses zur Frau des ehemaligen Gründungsrektors und Geschichtsprofessors K. D. HÜLLMANN den Tausch seines botanischen Ordinariats mit dem der Preußischen Universität Breslau erwirkt, so dass im Mai 1830 der von ihm gewünschte Nachfolger eintraf, der inzwischen auch schon 50-jährige, ursprünglich aus Bremen stammende Arzt und Botaniker **Ludolph Christian TREVIRANUS (1779–1864).** Obwohl sich dessen Medizin-Studium in Jena nur um ein Jahr mit dem seinigen überlappt hatte (beide hörten Botanik bei August BATSCH), war er ein vergleichsweise genauerer Beobachter und kritischer Empiriker: Er versuchte, seine eigenen Entdeckungen (etwa der Pflanzengefäße als Zellreihen) und die damals diskutierten Theorien zur Entstehung, Funktion und Entwicklung des pflanzlichen Zellgewebes auf physiologische Mechanismen und auf die dabei wirkenden, aber *»nur symbolisch zu bezeichnenden«* Lebensprinzipien (wie etwa den ›Bildungstrieb‹) zurückzuführen, immer im Vergleich zur tierischen bzw. menschlichen Physiologie. So hatte er zusammen mit dem Heidelberger Anatomen und Physiologen Friedrich THIEDEMANN und seinem Bremer Bruder Gottfried Reinhold TREVIRANUS ab 1824 eine »Zeitschrift für Physiologie« herausgegeben und verfasste nun in Bonn als sein Lebenswerk ein zweibändiges Kompendium »Physiologie der Gewächse« (1835 und 1838), das den gesamten bisherigen Wissenstand über Botanik in zehn ›Büchern‹ und 750 Paragraphen mit einer theoretisch neuartigen Gliederung erfasste: Die bisherige Trennung in Anatomie und Physiologie überwindend, stellte er die ›Elementartheile‹ und ›Elementarsysteme‹ der Gewächse an den Anfang, um dann nacheinander die Saftbewegung, Respiration, Exkretionen, Wachstum und Reproduktion, Zeugungsfunction, Fruchtbildung und Vermehrung sowie schließlich das ›Gesammtleben‹ der Gewächse im Sinne einer ansatzweisen ›life history‹ für alle Pflanzenarten und -typen unter verschiedensten Umweltbedingungen zu behandeln. Allerdings konnte Ludolph Christian TREVIRANUS die in den 1830er Jahren entstandenen neueren chemischen

Resultate der Pflanzenphysiologie nicht mehr integrieren und beharrte in Forschung und Lehre auf seinen dann veralteten Standpunkten (Sachs 1875, Wunschmann 1894), legte allerdings den ersten großen Grundstock zu einer botanischen Bibliothek in Bonn an (Martius 1866).

Abb. 41: **Ludolph Christian Treviranus (1779–1864)** – ab 1830 zweiter Botanik-Ordinarius im Poppelsdorfer Schloss, auch nach seiner Entpflichtung von den Haupt-Lehraufgaben 1859 noch bis ins 85. Lebensjahr aktiv [Lithographie 1837 von *J. Richter*, Universitätsarchiv]

Als äußerst gewissenhafter Gelehrter mit Sinn für Präzision und Schönheit (insbesondere förderte er die Xylographie) vertrat Treviranus aber auch eine wissenschaftliche Strenge, die ihn gerade durch sein eigenes Engagement für angewandte Botanik (bspw. Vorlesungen über »Ökonomische und Forst-Botanik«) in Konflikte mit den jeweiligen Obergärtnern brachte. So wie schon gegen Ende in Breslau kritisierte er nun gleich zu Beginn auch in Bonn aus prinzipiellen Gründen die zusätzlichen kommerziellen Aktivitäten von Obergärtner Sinning im Botanischen Garten (mit Weinbau und Obstbaumschule), ausführlich begründet in einer später veröffentlichten Schrift »Über die Führung von botanischen Gärten, welche zum öffentlichen Unterricht bestimmt sind« (Treviranus 1848). Da sein Versuch scheiterte, Sinning durch die Universitätsleitung reglementieren zu lassen (im Gegenteil, dessen Einfluss an der Bonner Universität wuchs weiter an, erkenntlich auch an seinen späteren Vorlesungen über Botanik bzw. Wein-, Obst- und Gartenbau an der 1847 etablierten Landwirtschaftlichen Lehranstalt Poppelsdorf; siehe das Kapitel ›Bezüge zu anderen Wissenschaftsbereichen‹), zog er sich vollkommen aus der Gartenleitung zurück, so dass diese 1833 wieder von Th. F. Nees übernommen wurde, ab 1835 als gleichberechtigter Mitdirektor (Stoverock 2001).

Nach dessen plötzlichem Tod im Mai 1838 ging seine Professoren-Stelle der Botanik verloren, denn per ministerieller Versetzungs-Order wurde zwar der Berliner Extraordinarius **Theodor Vogel (1812–1841)** nach Bonn geholt und dessen Berliner Habilitation im Fach Botanik auf Vorschlag des Ministeriums von der Bonner Philosophischen Fakultät anerkannt, aber nur auf einer Privatdozenten-Stelle. In Berlin hatte er mit dem damals noch nicht promovierten ›wissenschaftlichen Botaniker‹ M. J. SCHLEIDEN insbesondere über »Entwicklungsgeschichte der Blütentheile« und chemische Untersuchungen (Amyloid, Albumin) bei Leguminosen zusammengearbeitet und konnte nun die botanischen Standard-Vorlesungen von TREVIRANUS ergänzen, etwa »über den Zustand der Botanik als Wissenschaft«, »Forstwissenschaft« und »über die Geographie der Pflanzen«. Er übernahm auch die Lehrveranstaltung in medizinisch-pharmazeutischer Botanik, allerdings nur zweimal, da er 1841 bei einer vom englischen Prinzen Albert initiierten Niger-Expeditionsreise auf der Insel Fernando Póo erkrankte und dort verstarb. Infolgedessen konnte aber Gottfried KINKEL, der als Privatdozent für Kirchengeschichte seit 1839 mit ihm die Privatdozenten-Wohnung an der Südostseite des Poppelsdorfer Schlosses geteilt hatte, diese nun ganz übernehmen und schließlich die benachbarte ehemalige BISCHOF-Wohnung von 1843 bis 1846 mit seiner Frau Johanna KINKEL zu einem Wirkungsort des »Maikäferbundes« werden lassen (Rösch 2006).

Nachdem TREVIRANUS die Vorlesung »Officinale Gewächse« für Pharmazeuten und Mediziner selbst zwei Jahre lang gehalten hatte, gelang es ihm, für seine verbleibenden 20 Lebens- und Lehrjahre von 1843 an bis auf kleinere Pausen immer einen jungen Privatdozenten der Botanik zu engagieren, welcher die botanischen Exkursionen sowie Demonstrationen im Garten (bzw. im Winter anhand des Herbariums) übernahm und die medizinisch-pharmazeutische Botanik-Ausbildung durchführte. Dabei waren den mehrfachen Versuchen, hierfür jeweils auch ein Extraordinariat zu erlangen, kein Erfolg beschieden; es blieb schließlich bei der Anstellung als ›Adjunkt des botanischen Gartens‹ und ›Direktor des königlichen Herbariums‹, parallel zur leitenden Tätigkeit des seit 1839 zum Garteninspektor ernannten SINNING.

Der erste von vier Privatdozenten, welche der Reihe nach alle im Bonner »Seminar für die gesammten Naturwissenschaften« studiert hatten, war der Zoologe und Botaniker **Moritz (August) SEUBERT (1818–1878)** aus Karlsruhe. Ab 1837 als Medizin-Student in Bonn, hatte er 1841 bei GOLDFUSS mit einer Promotion über den Westeuropäischen Igel abgeschlossen und 1843 im Fach Botanik habilitiert, mit einer Probeschrift über die damals kaum bekannte Familie der Nesselpflanzen und mit einem Probevortrag über »vertikale Pflanzenverteilung«, beide noch in lateinischer Sprache und im Colloquium vor der gesamten philosophischen Fakultät äußerst gut beurteilt. Jährlich bot er neben den erwähnten Pflichtveranstaltungen Vorlesungen in »Pflanzengeographie« an und führte somit das von A. VON HUMBOLDT initiierte Teilgebiet der Botanik nun auch an der Universität Bonn ein. Entsprechend publizierte er eine »Flora azorica« und beteiligte sich an der Martius'schen »Flora brasiliensis«. Dies und seine zusätzliche Vorlesungen über »Ökonomisch-technische Botanik« kennzeichnen ein sich ausweitendes botanisches Forschungs- und Lehrinteresse, welches er ab 1846, nach Übernahme der Professur und der Leitung des Naturalien-Kabinetts von Alexander BRAUN am Karlsruher Polytechnikum, in einem beliebten »Lehrbuch der gesammten Pflanzenkunde« (1853) ausführlich dokumentierten konnte.

Nach wiederum längerer Pause folgte der älteste Sohn des Bonner Philosophie-Professors Ch. A. BRANDIS, **Dietrich BRANDIS (1824–1907)**, der sein breites naturwissenschaftliches Studium in Kopenhagen begonnen, dann in Bonn und ab 1846 in Göttingen fortgesetzt hatte (dort Chemie bei Friedrich WÖHLER und Pflanzengeographie bei August GRISEBACH). In Bonn wurde er 1848 mit einer chemischen Dissertation beim inzwischen 50-jährigen C. G. BISCHOF promoviert, welcher seit Jahrzehnten regelmäßig im Wechsel mit BERGEMANN die beiden Gebiete »Zoochemie« und »Phytochemie« gelehrt hatte. Letzteres griff D. BRANDIS nun auf und beantragte Ende 1848 die Habilitation im Fach »Botanik und Pflanzen-Chemie« mit der vorgelegten Schrift »Versuch einer Charakteristik des reifen Pflanzensamens und seiner Theile in chemischer Beziehung.« BERGEMANN und TREVIRANUS sahen in dieser eine zwar sorgfältige, aber doch rein chemische Forschungsarbeit, und letzterer vermisste dabei *»Vermuthungen und Inductionen, wie die chemisch verschiedenen Theile des Samens bey dessen Bildung entstanden seyn mögen und was sie hinwiederum zur Bestimmung desselben, durch das Keimen ein neues Individuum ins Leben zu rufen, im Einzelnen beitragen«* (PF-PA 56). Demgegenüber lobte sein Doktorvater gerade diese Enthaltsamkeit des jungen Forschers, der auf einem derartigen neu entstehenden Gebiet zunächst die »Thatsachen« zusammenstellen sollte, und dankte dafür, dass auf diese Weise *»wenig cultivierte Felder zur Cultur kommen«*. Für das im Januar 1849 gehaltene Habilitations-Kolloquium ließ die Fakultät dann das engere chemische Thema zu mit dem Hinweis, dass ihre *»Mitglieder bei der Unterhaltung auch über das engere Gebiet desselben hinausstreifen können«*, so wie es der Mineraloge **Johann Jakob NOEGGERATH (1788–1877)** formulierte. In der Tat wurden Dietrich BRANDIS danach sichere Kenntnisse und reichliches Nachdenken über die angesprochenen Fragen zuerkannt, wobei es unter anderem um den Einfluss von Boden- und Vegetationsbedingungen bei der Bildung und Keimung von Pflanzensamen ging.

Übrigens engagierte sich D. BRANDIS in diesen Revolutionsjahren auch sozialpolitisch, so durch Mitgründung des Bonner ›Evangelischen Gesellenvereins‹, den er einige Jahr später auch leitete und in dem er wissenschaftliche Abendvorträge anbot (Hesmer 1975). In den sieben Jahren seines akademischen Wirkens verbreiterte er nochmals das Spektrum der angewandten Botanik in Bonn, so durch die speziellen Vorlesungen »chemische Pflanzenphysiologie«, »Kulturpflanzen und ihre Produkte« sowie auch »Pflanzengeographie«, und ebnete damit seinen weiteren Weg als Pflanzenökologe und Begründer der tropischen Forstwirtschaft: Ende 1855 ging er (zunächst nur beurlaubt) als Leiter der britisch-indischen Forstverwaltung nach Ostindien (Birma) und kehrte erst 1883, hochgeehrt als ›Sir Dietrich Brandis‹, endgültig nach Bonn zurück. Als Mitglied des ›Bonner Freundeskränzchens‹ und ab 1893 auch als Professor organisierte er Exkursionen mit Waldbau-Unterricht für britische Seminar-Forststudenten und unterhielt auf der Koblenzer Straße ein eigenes größeres Herbarium (Hesmer 1975).

Abb. 42: **Dietrich Brandis (1824–1907)** – von 1849 bis 1855 Privatdozent für Botanik und Pflanzen-Chemie, als Pflanzenökologe und Forstwissenschaftler ›Sir Dietrich Brandis‹ ab 1883 wieder in Bonn [Foto-Ausschnitt aus Ölgemälde 1867 von *H. Siebert*, Original: Sammlung Lady Brandis, © W. Barthlott, Lotus-Salvinia.de]

Zur Bonner Studienzeit von D. Brandis war der sechs Jahre ältere **Robert Caspary (1818–1887)** aus Königsberg, dort vorher Philosophie- und Religions-Lehrer und seit 1843 in Bonn Naturwissenschafts-Student insbesondere der Botanik bei Treviranus, inzwischen Assistent bei Goldfuss geworden, dessen Vorlesungen er zeitweise vertrat. Ab 1845 Privatschullehrer, unter anderem in Elberfeld, von wo aus er auf einer Italien-Reise reichliche Tier- und Pflanzen-Sammlungen mitgebracht hatte, erlangte er zum Frühjahr 1848 seine Promotion an der hiesigen philosophischen Fakultät und einen Monat später auch seine Habilitation in »Zoologie und Botanik«, da etliche Kollegen ihn für eine wissenschaftliche Laufbahn bestens geeignet hielten. Er nahm das Angebot jedoch zunächst nicht an (im Oktober starb auch Goldfuss), sondern setzte als Hauslehrer in England und Frankreich seine Forschungen insbesondere über Meeres- und Süßwasseralgen fort, um dann 1851 doch Privatdozent für Botanik beim gerade nach Berlin berufenen Ordinarius Alexander Braun zu werden (und dessen Tochter Marie zu ehelichen).

Ende 1855, nach dem plötzlichen Weggang von D. Brandis, bewog der inzwischen 74-jährige Treviranus nun Robert Caspary, seinen Wechsel nach Bonn zu beantragen, und zwar unter Ersparnis der sonst erforderlichen Habilitationsleistungen. Da Caspary in der mathematisch-naturwissenschaftlichen Sektion durch seine frühere Habilitation bekannt war, stimmte diese zu und ebenso (statutengemäß nach § 8 der Fakultätsordnung auch zwangsläufig) die Gesamtfakultät, allerdings mit der Erfordernis einer üblichen Antrittsrede. Nur schob sich die Genehmigung seitens des Universitäts-Curatoriums hinaus, weil eine ministerielle Erlaubnis zur Überschreitung der inzwischen erreichten, statutenmäßig (§ 52) festgelegten Obergrenze von 18 Privatdozenten an der Fakultät eingeholt werden musste, wobei es Widerstände seitens einiger Professoren gab, die eine solche Zahl nur für die in Bonn »*anwesenden und wirklich fungierenden*« Dozenten verstanden wissen wollten. Im Februar 1856 konnte Robert Caspary eine Wohnung im Poppelsdorfer Schloss beziehen und schließlich seine Antrittsvorlesung halten mit dem Titel »Die botanischen Zweigwissenschaften und ihr Zusammenhang«, welcher die schon erwähnte Auffächerung der damaligen Botanik bestätigt: Diese bestand aus Systematik, Anatomie, Morphologie, Physiologie und speziell Pflanzenchemie, sowie Pflanzengeographie und medizinisch-pharmazeutische Botanik. In den folgenden drei Jahren seiner ausgiebigen Lehrtätigkeit auf allen diesen Gebieten führte Caspary als einer der ersten »mikroskopische Demonstrationen« durch und hielt übergreifende Vorlesungen »Über die botanischen Disciplinen (bzw. alle Zweige der Botanik) und den Gebrauch des Mikroskops«. Trotz dieser Erfolge und einer produktiven Forschung über Süßwasserpflanzen, Seerosen und Lorbeergewächse wurden zwei seitens der Fakultät voll unterstützte Anträge auf ein Extraordinariat für Robert Caspary aufgrund der starken Konkurrenz mit anderen Privatdozenten und wohl auch aus finanziellen Gründen vom Ministerium nicht bewilligt. Daraufhin nahm er zum Frühjahr 1859 einen Ruf an seine Heimatuniversität Königsberg an, wo auf seine Anregung hin der ›Preußische Botanische Verein‹ gegründet wurde und wo er 1865 die nach ihm benannten ›Caspary-Streifen‹ in der Wurzel-Epidermis entdeckte.

Abb. 43: **Hermann Schacht (1814–1864)** – von 1860 bis zu seinem frühen Tode dritter Ordinarius für Botanik und Gartendirektor [Ausschnitt einer Fotoreproduktion *Autor unbekannt*, Bild in der Bibliothek des Nees-Instituts]

Zum Ende des Sommersemester 1859 bat der fast 80-jährige Treviranus um Entpflichtung, allerdings nur von den ›Fundamental-Vorlesungen‹ über Allgemeine Botanik, welche er 30 Jahre lang gehalten hatte, während er weiterhin bis zu seinem Tode 1864 regelmäßig Vorlesungen zum »natürlichen System der Pflanzen« und über »kryptogame Gewächse« anbot – teilweise parallel zu denen seines im April 1860 berufenen Nachfolgers **Hermann Schacht (1814–1864)** sowie des schon im Februar 1860 in Bonn habilitierten Privatdozenten **Friedrich Hildebrand (1835–1915)**. Hermann Schacht, in Hamburg zunächst als Pharmazeut ausgebildet und als praktizierender Apotheker vor allem an Lebermoosen interessiert (er lieferte Zeichnungen für die hepatologische »Synopse« von Th.F. Nees , Lichtenberg und seinem Lehrer Gottsche), war 1847 als 30-jähriger nach seinem Studium der Naturwissenschaften in Jena Assistent von Schleiden geworden, gerade als sich dieser mit seinem Physiologischen Institut an der dortigen Medizinischen Fakultät etabliert hatte und auch »Botanische Pharmakognosie« lehrte. In Beantwortung einer Preisaufgabe der Amsterdamer Akademie schrieb der junge Schacht über *»Entwickelungsgeschichte des Pflanzenembryon«* und wechselte nach seiner Promotion 1850 zu A. Braun nach Berlin, wo er sich 1853 habilitierte. Neben einer von A. von Humboldt angeregten Auftragspublikation für die Berliner Akademie »Der Baum. Studien über Bau und Leben der höheren Gewächse« (1853) hat ihn insbesondere seine methodisch-technologische Schrift »Das Mikroskop und seine Anwendungen« (1851) bekannt gemacht sowie seine entwicklungsgeschichtlichen Arbeiten über die 30 Jahre zuvor von Treviranus beobachteten Interzellulär-Räume und Zell-Zell-Verbindungen (die ›gehöften Tüpfel‹), durch welchen eine *»offene Communication zwischen Zellen und Gefäßen«* ermöglicht werde (Sachs 1875, S. 341). Seine Publikationen zur »Anatomie und Physiologie der Gewächse« (1854–59) enthielten allerdings keine eigenen physiologischen Beiträge, so dass ihm nach seiner Berufung auf das Botanik-Ordinariat an der Universität Bonn im jungen Pflanzenphysiologen **Julius Sachs (1832–1897)** neben dem noch weiterhin aktiven älteren Treviranus ein weiterer Konkurrent entstand.

Abb. 44: Lehrer an der Landwirtschaftlichen Akademie waren ab 1861 **Julius Sachs** (ganz links) für Botanik und Garteninspektor **Wilhelm Sinning** (2. von links) für Obst- und Weinbau [Ausschnitt aus einer Fotomontage ca. 1910 von *P. Seehaus*, Universitätsarchiv Bonn]

Denn nachdem Schacht zum WS 1860/61 auch die Vertretung des naturwissenschaftlichen Lehrstuhls (für Botanik, Zoologie und Mineralogie) an der Poppelsdorfer Landwirtschaftlichen Lehranstalt übernommen hatte, erhielt mit deren Übergang zur »Landwirtschaftlichen Akademie Poppelsdorf« 1861 der jüngst berufene Julius Sachs diesen Lehrstuhl und ab 1863 eine explizite Professur für Botanik, mit der Zusage zur Gründung eines eigenen botanischen Instituts (Ullrich 1968b). Zwar musste Sachs sich zunächst mit zwei Kellerräumen im Lehr- und Verwaltungsgebäude (dem heutigen Landwirtschaftlichen Dekanatsgebäude) begnügen, aber seine dort durchgeführten physiologischen Experimente zu Pflanzen-Reizung und -Wachstum waren so erfolgreich, dass sein 1865 publiziertes »Handbuch der Experimental-Physiologie der Pflanzen« weltweite Berühmtheit erlangte. Demgegenüber waren die parallelen Lehr- und Forschungsaktivitäten der beiden universitären Botanik-Professoren eher im bisherigen Rahmen geblieben: so hatte Schacht in Bonn zwar noch eine beachtliche Arbeit über die »Spermatozoiden im Pflanzenreich« (1864) geschrieben, aber neben den botanischen und pharmakognostischen Standardkursen hielt er klassisch-anatomische Vorlesungen über Pflanzenbefruchtung und Blütenmorphologie, während allerdings der Dozent und Kustos HILDEBRAND eine modernere Pflanzenanatomie und -physiologie mit mikroskopischen Demonstrationen und Übungen anbot.

Friedrich HILDEBRAND hatte ab 1854 in Bonn insgesamt 5 Semester Naturwissenschaften studiert, sich dabei zunächst auf Mineralogie und Chemie, dann aber auf Botanik konzentriert, wobei er vor seinem Wechsel nach Berlin 1856 auch die erwähnte CASPARY'sche Vorlesung über den Mikroskopie-Gebrauch besucht hatte. Neben regelmäßigen Frühlings- und Sommerreisen zur montanen Alpen- oder maritimen Bretagne-Flora (letztere zusammen mit Nathaniel PRINGSHEIM) verfasste er bei A. BRAUN in Berlin eine lateinische Dissertation über den »Stammbau der Begoniaceen« und erlangte 1858 die Promotion. Beim Antrag auf Habilitation in Bonn legte er nur eng begrenzte Arbeiten vor, so dass ein Gutachten seines Lehrers BRAUN eingeholt werden und er im Colloquium schließlich über das weiterreichende Thema »Bewegungserscheinungen im Pflanzenreiche« referieren musste. Es fand nur vor dem Dekan Ch. A. BRANDIS und vor TREVIRANUS statt, und zwar in dessen Privatwohnung wegen seiner Gehbeschwerden. Von letzterem wurde HILDEBRAND dann ausführlich und kritisch über physikalische und physiologische Fragen des Pflanzenwachstums und des Safttransports geprüft sowie zu Bewegungsphänomenen bei der Befruchtung und gar zur Brownschen Molekular-bewegung (PF-PA 213). Dass ihm dann ein gründliches Wissen, »*zum Theil durch eigene Untersuchungen erworben*«, bescheinigt wurde, lässt wissenschaftliche Aktualität beim jungen Privatdozenten wie aber auch beim alten Emeritus erkennen – ein mögliches Gütezeichen für den damaligen Stand der Bonner Botanik im ›DARWIN-Jahr‹ 1859.

Während HILDEBRAND in seiner Lehre das von CASPARY angebotene Spektrum weiter entwickelte, hierbei aber keine expliziten Bezüge zu Evolutionsaspekten vorwies, hat er auf dem von TREVIRANUS, CASPARY und SCHACHT betriebenen Forschungsfeld der Blütenbestäubung durch seine systematischen Beobachtungen und konsequenten Schlussfolgerungen wesentlich zur empirischen Bestätigung eines von DARWIN formulierten ›allgemeinen Naturgesetzes‹ beigetragen: 1867, ein Jahr vor seiner Berufung nach Freiburg, erschien seine Schrift »Die Geschlechter-Vertheilung bei den Pflanzen und das Gesetz der vermiedenen und unvortheilhaften stetigen Selbstbefruchtung« (Sauer 2011). Weit vorausschauend war dabei die vergleichende Einbeziehung von Algen und Pilzen. Dennoch blieben einige Fragen bei selten fremdbestäubten oder gar ausschließlich selbstbefruchtenden Blüten noch offen, so dass er in Hinweis auf CASPARY's aktuelle Arbeiten gar von einer generellen »*Unmöglichkeit des Gegenbeweises gegen Darwin*« sprach (S. 83). Mehrmalige Anträge zur Beförderung auf eine außerordentliche Professur waren alle gescheitert, auch weil

SCHACHT schon nach knapp vier Jahren im August 1864 verstorben war (nur ein viertel Jahr nach dem Tode seines Vorgängers TREVIRANUS), so dass erst einmal die Wiederbesetzung der ordentlichen Professur für Botanik anstand.

Gründung des Botanischen Instituts und Aufbau der Pharmakognosie sowie Erweiterung und Ausbau des Botanischen Gartens (1865–1912)

Nachfolger wurde der vormalige Kustos des Königlichen Herbariums in Berlin, der dort und in Potsdam ausgebildete Gärtner und Privatdozent für Botanik **Johannes HANSTEIN (1822–1880)**, welcher schon 1859/60 von TREVIRANUS als sein Nachfolger favorisiert, dann aber durch Mehrheitsentscheid in Sektion und Fakultät doch nur auf den zweiten Listenplatz hinter SCHACHT gesetzt worden war. Auch jetzt stand er auf der Berufungsliste der Fakultät nicht an erster Stelle, sondern SCHACHT's Lehrer in Jena, SCHLEIDEN, welcher allerdings vom Ministerium nicht berufen werden konnte. Auch der kompetente Kollege an der örtlichen Landwirtschaftlichen Akademie, Julius SACHS, hatte sich beworben; nach seiner Abweisung wechselte dieser im April 1867 nach Freiburg – kurz bevor das für ihn eingerichtete Institut für Botanik im neuerbauten Laboratoriums-Gebäude eingeweiht werden konnte, welches nun sein Nachfolger übernahm, der Botaniker und Getreideforscher **Friedrich August KÖRNICKE (1828–1908)** (Ullrich 1968c).

Abb. 45: **Johannes HANSTEIN (1822–1880)** – Gärtner und Pflanzenmorphologe, ab 1865 vierter Botanik-Ordinarius und Gartendirektor sowie 1866 Gründer eines Botanischen Instituts im Poppelsdorfer Schloss, 1879/80 Rektor der Universität [Ausschnitt aus einem Foto ca.1870 *F. Hax (Bonngasse 18)*, Universitätsarchiv Bonn]

Aber zu diesem Zeitpunkt war schon die von HANSTEIN gleich zu Beginn seiner fruchtbaren Bonner Tätigkeit bewirkte und mit Beginn des SS 1866 vollzogene Gründung eines »Botanischen Instituts« im Poppelsdorfer Schloss erfolgt.

Dieses Institut war als solches das erste an einer deutschen Universität, neben den parallel gegründeten pflanzenphysiologischen Laboratorien in Jena und Breslau – es war auch das erste ›neuere‹ naturwissenschaftliche Institut innerhalb der Bonner Philosophischen Fakultät. Schon im Laufe des Sommers 1867 konnte HANSTEIN einen Assistenten (J. B. HÜBER) einstellen und dem neuen Institut – teils aus dem Kontingent seiner Wohnung – zusätzliche Räume verschaffen, insbesondere einen Hörsaal mit Vorbereitungsräumen im Nordost-Mittelturm über dem Schlosseingang (Fitting 1933). Schon im Januar 1865 war HANSTEIN in das Direktorat des naturwissenschaftlichen Seminars als Vorsteher der botanischen Abteilung berufen worden, während die Leitung der chemischen Abteilung noch Hans Heinrich LANDOLDT unterstand, der vom Poppelsdorfer Schloss aus den Neubau des Chemischen Instituts besorgte und dessen Einweihung 1867/68 zusammen mit dem neu berufenen Institutsdirektor August KEKULÉ durchführte. Erst durch LANDOLDTS Weggang wurden dann 1870 einige ehemalige Chemie-Räume im Schloss für das Botanische Institut frei.

Abb. 46: **Poppelsdorfer Schloss**, Blick auf das Innenrondell in Richtung Osten. Zu sehen sind die Obergeschoss-Räume des 1866 gegründeten Botanischen Instituts: Hörsaal unter der Eingangskuppel (NO-Seite, links) sowie Laboratorien und Diensträume neben und später auch unter der Mittelkuppel (SO-Seite, rechts) [Ausschnitt aus einem Foto ca. 1930, *Kunsthistorisches Institut der Univ. Bonn (Paul Clemen)*, Bildarchiv]

Nach dem Tode des Mathematikers und Physikers Julius PLÜCKER 1868 wurde HANSTEIN, der in jedem Wintersemester die »Botanische Pharmakognosie« zunächst selbst gelesen hatte, auch Direktor des ›pharmaceutischen Studiums‹. Sein Einsatz für die Ausbildung von Lehrern und Apothekern passt dazu, dass er sein Naturwissenschaftsstudium 1844–1849 in Berlin (als begeisterter Hörer der Tierphysiologie von Johannes MÜLLER sowie der ›Infusorienlehre‹ seines späteren Schwiegervaters Christoph EHRENBERG) sowohl mit Promotion als auch mit Staatsexamen abgeschlossen hatte, um danach für 10 Jahre zunächst als Lehrer an Berliner (Real- und Gewerbe-)Schulen zu wirken und sich währenddessen an der Universität, vermittelt durch A. BRAUN, für Botanik zu habilitieren (1855). Seine Publikationen lagen schon früh auf dem Spezialgebiet der mikroskopischen Pflanzen-Morphologie – aber auch in Pflanzensystematik, nachdem er 1861 von seinem verstorbenen Doktorvater J. F. KLOTZSCH die Kustoden-Stelle des Herbariums am Botanischen Garten in Berlin-Schöneberg übernommen hatte. Er wandte sich teilweise der experimentellen Pflanzenphysiologie zu (Safttransport in Rinde und Pflanzenkörper, 1859 bzw. 1860) sowie mehrheitlich der Entwicklungsgeschichte bei Wachstum und Befruchtung. Seine im Februar 1866 (wegen der hierin vorkommenden *»modernen Ausdrücke«* bewusst auf Deutsch) gehaltene Antrittsvorlesung an der Bonner Philosophischen Fakultät »Ueber die Richtungen und Aufgaben der neueren Pflanzen-Physiologie« brachte neben einem historischen Rückblick eine deutliche Kritik an der einseitigen SCHLEIDEN'schen Zelltheorie und stattdessen ein klares Plädoyer für physiologische Ursachenanalysen, um *»die Erscheinungen pflanzlichen Lebens in allen seinen Theilen in einer dem Standpunkt der Physik und Chemie wirklich angemessenen und ebenbürtigen Weise in einzelne greifbare Akte zu zerlegen«*. Das hierzu erforderliche *»rationell angestellte Experiment«* sollte versuchen, *»im Organischen eben das Eigenartige und Andersartige zur erkennen und als solches zu analysieren«*. Als fortschrittliches Beispiel hierfür lobte er das schon erwähnte SACHS'sche »Handbuch der Experimental-Physiologie der Pflanzen«.

Abb. 47: **Poppelsdorfer Schloss** von Südwesten gesehen, davor das ›**Große Palmenhaus**‹ (1875, links) und das ›**Victoria-regis-Gewächshaus**‹ (1878, Mitte links). Die Wohnung des Botanik-Ordinarius befand sich im Südturm des Schlosses (rechts) sowie in den Räumen links daneben bis zur Mittelkuppel der ehemaligen Kapelle [Foto ca. 1900 *Autor unbekannt*, Archiv des Botan. Gartens und Postkartensammlung A. Hilgert, Universitätsarchiv Bonn]

Obwohl HANSTEIN auch in Bonn primär pflanzenmorphologisch arbeitete (so trug er entscheidend zur Klärung der Wachstumsmorphologie von Sprossen und Wurzeln bei) und in dieser Richtung seine jeweiligen Schüler und Assistenten beeinflusste, sah er seinen Forschungsansatz realisierbar nur in enger Verbindung zwischen ›Morphologe‹ als mikroskopischer Struktur-Beschreibung und ›Biologie‹ als umfassender Erklärungslehre aller Lebensvorgänge, sowohl physiologischer wie auch morphogenetischer Art: so las er über die »Lehre von der Pflanzenzelle« und fast jedes Wintersemester auch »Pflanzenphysiologie«. Vor allem in den Jahren 1873–75 entwickelte er einen eigenen experimentell-basierten Theorie-Standpunkt zur damals hoch-aktuellen Frage, ob und wie organische Prozesse auf physikalisch-chemische Gesetze atomarer Wechselwirkungen zurückgeführt werden könnten. Mit Hilfe biophysikalischer Argumente entwickelte er, insbesondere für die von ihm beobachteten Bewegungs- und Teilungsvorgänge pflanzlicher Zellen, das »*Postulat einer regelnden Bewegungsursache, welche der Wirkung der atomistischen Kräfte … die Richtung ihrer Wirksamkeit anweist …*«[2]. Im Hinblick auf generelle morphogenetische Prozesse in Pflanzen und Tieren postulierte er eine ›Gestaltsamkeit‹ (oder einen ›Eigengestaltungstrieb‹) von Zellen und Organismen als einer »*übertragbaren, aber dennoch jederzeit an irgend ein materielles Substrat gebundenen*« Kräftequelle innerhalb des Protoplasmas (S. 226), welche »*planmäßig geregelte und cyclisch geordnete Bewegungsreihen veranlasst, deren letztes Ergebnis eine aus dem Stoff zusammengefügte, in sich differenzirte und gegliederte Gestalt ist*« (S. 230f.).

In seiner letzten Arbeit über die »Biologie des Protoplasmas« (1882 posthum), welche eigene Beobachtungen über Zellkern-Morphologie insbesondere bei der Teilung darstellte und theoretisch interpretierte, bezeichnete er den Zellkern als ein gehirnähnliches ›Centralorgan‹ für die gesamte Lebenstätigkeit der Zelle, als ›Empfängnisort‹ für äußere Reize und »*Ausgangspunkt derer, die sowohl in ihr als auch von ihr aus wirken*« (S. 39). Hiermit prognostizierte HANSTEIN, noch gut 20 Jahre vor Formulierung des Gen-Begriffs und knapp 80 Jahre vor Entschlüsselung der DNA, die zentrale Bedeutung der genetischen Regulation, wobei er in vorsichtiger Distanz zum Darwinismus dem Organismus Fähigkeiten zur eigen-gestalterischer Variation und Selektion durch diverse ›Reaktions- und Nützlichkeitsbewegungen‹ zuerkannte.

2 »Morphologie der Pflanzen« 1873–75, 1882 posthum als unvollendete Monographie hrsg. von F. Schmitz, S. 202.

Das Protoplasma

als Träger der

pflanzlichen und thierischen Lebensverrichtungen.

Für Laien und Sachgenossen

dargestellt

von

Dr. Johannes v. Hanstein,

Professor an der Universität Bonn.

Πάντα χωρεῖ καὶ οὐδὲν μένει.
Heraklit.

Heidelberg, C. Winter
1880

Abb. 48: Titelseite der Monographie »**Das Protoplasma**« (1880) von Johannes von Hanstein [Ablichtung 2016, Bibliothek des Nees-Instituts]

Nachdem der Botanische Garten jahrzehntelang primär dem Garteninspektor und dem Adjunkten überlassen war, widmete sich der neue Gartendirektor (und ehemalige Gärtner) Hanstein mit Liebe der Ausgestaltung des Gartens und Neugestaltung des ›Systems‹, zusammen mit dem 1871 als Nachfolger von Sinning bestellten Gärtner **Julius Bouché (1846–1922)**. Dessen Vater hatte er als Garteninspektor und Konstrukteur des ›Großen Palmenhauses‹ in Berlin kennen gelernt, so dass nun ein ganz ähnlicher, schmuckvoller Eisen-Glas-Bau auch in Bonn entstand (1875) sowie neben anderen Einrichtungen ein rundes ›Victoria-regia-Haus‹ (1878), siehe Abb. 50 und (Fitting 1933).

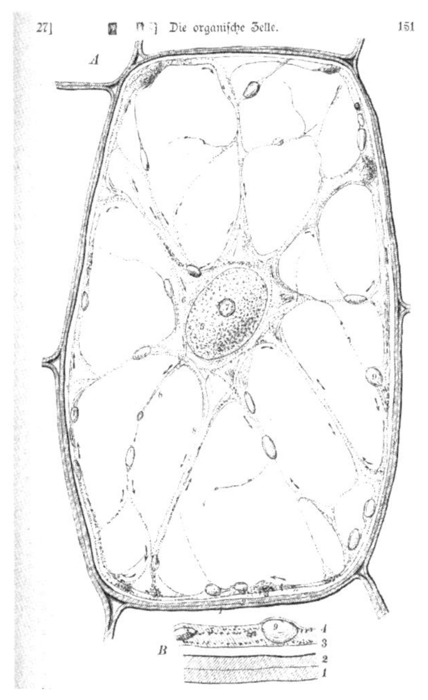

Abb. 49: Eigenhändige Zeichnung einer Pflanzenzelle von HANSTEIN im Kapitel »**Die organische Zelle**« aus seiner oben erwähnten Monographie [Bibliothek des Nees-Instituts]

Abb. 50: In der Bildmitte der zweigeschossige Neubau des **Garteninspektor-Hauses** (1877–1879) an der Ecke Meckenheimer Allee / Nussallee – nach Beschädigung im 2. Weltkrieg aufgestockt zur Beherbergung des Botanischen Instituts (heutiges Nees-Institut, Meckenheimer Allee 170) [Foto ca. 1930 *Autor unbekannt*, Postkartensammlung A. Hilgert, Universitätsarchiv Bonn]

BOUCHÉ, seit 1875 Garteninspektor, und sein Stab konnten im Folgejahr 1879 einen zweigeschossigen Neubau des Gärtnerhauses an der Meckenheimer Allee beziehen (Ort des heutigen Nees-Instituts), in dessen noch aus kurfürstlicher Zeit stammendem Vorbau SINNING über fünf Jahrzehnte lang gewirkt hatte. Außerdem wurde das Gartengelände über den südöstlichen Graben des Schlossweihers hinaus erweitert, von wo der dort aufgestellt Gedenkstein des Botanischen Gartens für HANSTEIN vor einigen Jahren versetzt worden ist. HANSTEIN hatte 1873 auch den Bonner Gartenbau-Verein ins Leben gerufen, den er drei Jahre lang leitete und in dessen ab 1877 von BOUCHÉ herausgegebenem »Jahrbuch für Gartenbau und Botanik« er einige Beiträge schrieb.

Obwohl seit 1875 durch Erkrankung eingeschränkt, war HANSTEIN für mehrere Jahre Senator und wurde schließlich im Akademischen Jahr 1879/80 zum Rektor gewählt: seine Antrittsrede hielt er »über den Zweckbegriff in der organischen Natur«. Aufgrund seiner Erkrankung verlas sein Freund und Philosophie-Kollege Jürgen Bona MEYER die zum 3. August 1880 vorbereitete Festrede über die »Entwicklung des botanischen Unterrichts an den Hochschulen«, in der er die an deutschen Hochschulen in den letzten Jahrzehnten gegründeten Institute als »wissenschaftliche Handwerkstätten« hervorhob, die eine neue Form der »Streitgenossenschaft« von Lehrern und Schüler ermöglicht habe. Noch während seiner Rektoratszeit verstarb er im gleichen Monat.

Abb. 51: **Ernst PFITZER (1846–1906)** – Assistent und 1868–1872 Privatdozent für Botanik im Poppelsdorfer Schloss [Ausschnitt aus Portrait 1886 *Autor unbekannt*, Album ›Lehrkörper Ruperto Carola zu Heidelberg‹, Wikimedia]

Nach HILDEBRANDS Berufung 1868 auf das Freiburger Botanik-Ordinariat hatte HANSTEIN in den ihm verbleibenden zwölf Jahren nacheinander fünf fähige Privatdozenten beschäftigen können, die am botanischen Institut forschten, zusätzliche Lehre (außer der »botanischen Pharmakognosie«) übernahmen und nach ihrem Weggang von Bonn als Professoren der Botanik allesamt große Bedeutung erlangten. Zunächst wechselte der 1867 in Königsberg bei CASPARY promovierte Botaniker **Ernst (Hugo Heinrich) PFITZER (1846–1906)** von seiner

Heidelberger Assistentenstelle nach Bonn und habilitierte sich dort gleich Ende 1868, nachdem HANSTEIN ihn ausdrücklich empfohlen hatte und Bedenken in der Fakultät über das identische Thema von Habilitationsschrift und Dissertation nach Sichtung der Statuten ausgeräumt werden konnten (PF-PA 409). Neben vielfältigen Vorlesungen (u.a. über parasitische Pilze und Pflanzenkrankheiten) benutzte PFITZER, der als Assistent im Poppelsdorfer Schloss arbeitete und wohnte, die Instituts-Einrichtung für seine bahnbrechenden Forschungen zur Entwicklungsgeschichte von Kieselalgen – auch in direktem Bezug auf die Arbeiten des medizinischen Anatomie-Direktors Max SCHULTZE über Protoplasma-Bewegungsanalysen bei Diatomeen. Wie damals üblich trug PFITZER seine Resultate 1869 zunächst vor der ›Niederrheinischen Gesellschaft für Natur- und Heilkunde‹ vor (wohl in deren ›physikalischer Section‹, siehe Kapitel ›Bezüge zu anderen Wissenschaftsbereichen‹), publizierte sie dann 1871 als Heft 2 der von HANSTEIN herausgegebenen Reihe »Botanische Abhandlungen aus dem Gebiete der Morphologie und Physiologie«. Dieser hatte in Heft 1 eine weitere Veröffentlichung seiner ›Histogen-Theorie‹ zum Wachstum von Pflanzenkeimen vorgelegt, nach seiner grundlegenden Publikation 1868 im Jubiläumsband der oben genannten Gesellschaft.

Abb. 52: **Johannes REINKE (1849–1931)** – Assistent und Privatdozent für Botanik im akademischen Jahr 1872/73, später Professor für Pflanzenphysiologie in Göttingen und Kiel, Autor der Monographie »Einleitung in die Theoretische Biologie« (1901) [Auschnitt aus Foto in Wissemann (2006), Fig.1 *Autor unbekannt*]

Nach Wegberufung von PFITZER auf das Botanik-Ordinariat in Heidelberg, wo er den Botanischen Garten neu aufbaute und mit einer modernen Orchideen-Systematik versah, gewann HANSTEIN noch vor Beginn des Wintersemesters 1872–73 den Kustos des Göttinger Herbariums, **Johannes REINKE (1849–1931)**, als Assistenten seiner ›Botanischen Anstalten‹ trotz hiesiger Minderbesoldung. Dafür erkannte die Fakultät dessen frische Habilitation in Göttingen noch rechtzeitig vor Beginn der Vorlesungen an, zumal einige Kollegen seine wissenschaftliche Originalität aus dem naturwissenschaftlichen Seminar kannten, welches REINKE in seinem Bonner Studien-Sommersemester 1869 absolviert hatte (PF-PA 439). Schon damals hatte er zusammen mit HANSTEIN dessen Histogen-Theorie auch auf den Vegetationspunkt von Wurzeln übertragen und 1871 eine umfassende Arbeit hierzu publiziert. Als Privatdozent in Bonn verfasste er nun neben seinen Vorlesungen (u. a. zur »Geschichte der Pflanzenphysiologie«) sein erstes Buch »Morphogenetische Abhandlungen« (1873), in dem er die Entwicklung der Wurzelhauben bei verschiedenen Pflanzenfamilien auch unter phylogenetischen und pflanzengeographischen Aspekten verglich. Regen wissenschaftlichen Kontakt pflegte er über die Fakultätsgrenzen hinaus, insbesondere zu Max SCHULTZE mit seinen Assistenten, jeweils einem der Gebrüder HERTWIG, im neuerbauten Anatomischen Institut, wodurch REINKE zu späteren Protoplasma-Arbeiten angeregt wurde.

In seinem Dekanatsjahr 1872–73 hatte HANSTEIN erreicht, dass das seit 1837, nach Th.F. NEES' Tod, nicht mehr reaktivierte Extraordinariat für »Botanik und Pharmakognosie« erneut besetzt werden konnte und mit der Kustoden-Stellung für die Botanischen Anstalten verbunden wurde. Dieses bot er J. REINKE an, welcher aber zum Herbst 1873 einem entsprechenden Ruf nach Göttingen folgte, wo er ein botanisches Laboratorium aufbaute, das er 1879 mit einem Ordinariat als ›Pflanzenphysiologisches Institut‹ weiterführte. 1883, nach Abschluss seiner »Studien über Protoplasma«, wurde er auch Mitbegründer der Deutschen Botanischen Gesellschaft. Seine späteren Arbeiten seit 1891 an der Universität Kiel galten insbesondere der Ausführung einer ›Theoretischen Biologie‹ (siehe weiter unten).

Abb. 53: **Wilhelm PFEFFER (1845–1920)** – von 1873 bis 1877 Extraordinarius für Botanik und Pharmakognosie sowie Kustos der Botanischen Anstalten [Foto-Ausschnitt *Autor unbekannt*, Bild in der Bibliothek des Nees-Instituts]

Glücklich und erfolgreich war dann schließlich im Jahre 1873 die Berufung des ausgebildeten Pharmazeuten, Apothekers und Botanikers **Wilhelm PFEFFER (1845–1920)**, der sich als Assistent von SACHS in Würzburg 1871 habilitiert hatte und seitdem als Privatdozent in Marburg vielfältige eigene pflanzenphysiologische Untersuchungen begonnen hatte, welche er nun im Poppelsdorfer Schloss weiterführen konnte. Dazu erhielt er im Obergeschoss den mittleren Südturm für seine Wohn- und Arbeitsräume, die er mit entsprechenden Instrumenten ausstattete: Hier entstanden Arbeiten über »Die periodischen Bewegungen der Blattorgane« (1875) sowie seine weltberühmten »Osmotischen Untersuchungen« (1877) mit Konstruktion eines Osmometers für Druckmessungen und zur präzisen Bestimmung von Molekulargewichten, der ›Pfefferschen Zelle‹. Hierbei postulierte er auch für pflanzliche Organismen das Prinzip der ›internen Reizauslösung‹ zur generellen Erklärung von Reizantworten. Wie er später in seinem beliebten »Handbuch der Pflanzenphysiologie« (1881) ausführte, sah er den Organismus als eine physiologische Lebenseinheit, deren Organe in harmonischer Wechselbeziehung miteinander eventuelle Störungen selbstregulatorisch ausgleichen können (Fitting 1917, S. 21f.).

Abb. 54: **Hermann Vöchting (1847–1917)** – 1877/1878 Extraordinarius für Botanik und Pharmakognosie sowie Kustos der Botanischen Anstalten [Foto-Ausschnitt *Autor unbekannt*, Bild in der Bibliothek des Nees-Instituts]

Nach Pfeffers Berufung 1877 an die Universität Basel, von wo er über Tübingen schließlich als Direktor zum Botanischen Garten in Leipzig wechselte, schlug Hanstein die von ihm genutzten Räume vollends dem Botanischen Institut zu und übertrug Extraordinariat und Kustodenstelle an den ausgebildeten Gärtner und Botaniker **Hermann Vöchting (1847–1917)**, der schon seit 3 Jahren Assistent und Privatdozent bei ihm war, aber nicht mehr im Poppelsdorfer Schloss wohnte. Bevor dieser, als jeweiliger Nachfolger von Pfeffer, erst nach Basel und dann nach Tübingen berufen wurde, publizierte er 1878 in Bonn den ersten Band seines Hauptwerkes »Über Organbildung im Pflanzenreich« mit physiologischen Untersuchungen über Wachstumsursachen und Lebenseinheiten. Durch ausgedehnte Experimente unter Anleitung von Hanstein und Pfeffer hatte er nachgewiesen, dass Größe und Form von pflanzlichen Organen während der Entwicklung durch gegenseitige Beziehungen bestimmt werden, welche eine Funktion des jeweiligen Gewebe-Ortes sind. Damit hatte er noch vor Wilhelm Roux's ›Entwicklungsmechanik‹ entscheidende Grundzüge der modernen Entwicklungsphysiologie und Morphogenetik formuliert. Zu weiteren Details siehe auch den Hanstein-Artikel von Fitting (1970a).

Abb. 55: **Friedrich Schmitz (1850–1895)** – von 1878 bis 1884 Extraordinarius für Botanik und Pharmakognosie sowie Kustos der Botanischen Anstalten [Foto-Ausschnitt *Autor unbekannt*, Bild im Botan. Inst. der Universität Greifswald, Festschrift zur 500-Jahrfeier der EMA-Univ.]

Hanstein holte 1878 als Kustos und Extraordinarius für Pharmakognosie aus Halle den dortigen Privatdozenten für ›Botanik und Pharmazie‹ **Friedrich Schmitz (1850–1895)**, der ab 1867 im Bonner Naturwissenschaftlichen Seminar studiert und nach zwei Jahren schon eine gemeinsame Arbeit mit ihm über die Blütenentwicklung von Pfeffergewächsen geschrieben hatte. Vor Ausbruch des Krieges 1870/71 war er bei Sachs in Würzburg gewesen, um nach kriegsbedingter Verzögerung bei Hanstein seine Promotion abzuschließen. Nun führte er in Bonn seine Algen-Forschungen weiter und unter Benutzung zoologisch erprobter Härtungs- und Färbungsmethoden gelang ihm der Nachweis von (meist sogar mehreren) Kernen in Algen- und Pilzzellen. Mit seinen weiteren zell-morphologischen Arbeiten (Wachstum der Zellwände und Teilung der Chromatophoren) sowie als fachkundiger Herausgeber der posthum veröffentlichten Hanstein-Schriften wirkte er, bis zu seinem Wechsel 1884 auf das Greifswalder Botanik-Ordinariat, in Bonn als Garant für Kontinuität zwischen Hanstein und dessen Anfang 1881 von Jena kommendem Nachfolger **Eduard Strasburger (1844–1912)**.

Abb. 56: **Eduard Strasburger (1844–1912)** – Pflanzenphysiologe und Begründer der Zellkernforschung, von 1881 bis zu seinem Tode Ordinarius und Direktor des Botanischen Instituts und Gartens, 1891/92 Rektor der Universität [Foto-Ausschnitt eines Ölgemäldes ca. 1905 *W. Fassbender (Bonn)* © W. Barthlott, Lotus-Salvinia.de, Original hängt in der Bibliothek des Nees-Instituts]

Das an der neugegründeten Universität seiner Heimatstadt Warschau begonnene natur-wissenschaftliche Studium mit Schwerpunkt Botanik hatte Eduard Strasburger 1864 in Bonn fortgesetzt. Hier besuchte er Veranstaltungen von Schultze, auch Troschel und insbesondere Schacht, bei dem er die neuesten Mikrotom- und Mikroskopie-Techniken kennen lernte und der ihm eine Assistentenstelle anbot. Nach dessen plötzlichem Tod aber wechselte er noch im selben Jahr zu Pringsheim nach Jena, wo er als Assistent an dessen ›Phytophysiologischem Laboratorium‹ 1866 mit einer Dissertation über die Spaltöffnungen und das Chlorophyll des Farnblatt promoviert wurde sowie, nach in Warschau erfolgter Habilitation, als Extraordinarius (1869) bzw. Ordinarius (1871) die Nachfolge Pringsheims übernehmen konnte. Freundschaftliche und wissenschaftliche Nähe zu seinem 10 Jahre älteren Zoologie-Kollegen Haeckel ließen Strasburger dort als 29-jähriger begeisterter ›Darwinianer‹ eine programmatische Antritts-vorlesung »Über die Bedeutung phylogenetischer Methoden für die Erforschung lebender Wesen« halten. Als er nun den Ruf nach Bonn erhielt, hatte er mit Hilfe gezielt eingesetzter Fixierungs- und Färbemethoden sowie neuester, von seinem Freud Ernst Abbe konstruierter Mikroskope schon wesentliche Eigenschaften der Pflanzen-Zellkerne und ihrer Teilung aufgeklärt, so dass er eine völlig umgearbeitete 3. Auflage seines 1875 erschienenen Buchs »Über Zellbildung und Zellteilung« mitbrachte.

Seine zell-morphologische Forschung und Lehre konnte Strasburger im Poppelsdorfer Schloss intensivieren. So publizierte er 1884 seine entscheidende Beobachtung, dass die beiden Zellkerne bei der sexuellen Befruchtung von

Blütenpflanzen verschmelzen. Für die botanischen Praktika baute er zwei große Mikroskopier-Säle im Botanischen Institut aus, dessen Personal er zunächst übernahm. Dies waren der Assistent E. SCHMIDT, 1882 ersetzt durch Friedrich JOHOW (1859–1933), und der Kustos F. SCHMITZ (siehe oben), mit dem er über Beobachtungen von Zellkernen pflanzlicher Spermatozoiden schon vorher korrespondiert hatte und dessen Arbeitsgebiet ›Teilung von Zellkörperchen‹ auch den 1882 gewonnenen Mitarbeiter **Andreas Franz Wilhelm SCHIMPER (1856–1901)** beschäftigte. Nach Promotion in Straßburg (1878) über »Proteinkrystalloide der Pflanzen« und zwei Tropenflora-Forschungsreisen (eine davon schon von Bonn aus) habilitierte dieser sich 1883 für »Physiologische Botanik«. In Verallgemeinerung der SCHMITZschen Beobachtungen für Algen publizierte er seine bahnbrechende Erkenntnis, dass alle ›Plastiden‹ (so benannte er die Chloro-, Leuko- und Chromoplasten) untereinander transformierbare Zell-Organellen sind, die sich durch Teilung reduplizieren, wie eben Zellen und Zellkerne auch. 1886 wurde er Nachfolger von SCHMITZ als Kustos und Extraordinarius. Auf weiteren Tropenreisen forschte er über physiologische Pflanzenanpassung an extreme Standorte. Er gab die »Botanischen Mitteilungen aus den Tropen« heraus, mit einem ersten eigenen Beitrag über »Die Wechselbeziehungen zwischen Pflanzen und Ameisen im tropischen Amerika« (1888) und verfasste noch vor dem Wechsel 1898 nach Basel sein Hauptwerk »Pflanzengeographie auf physiologischer Grundlage«. Die Bonner Tradition von Th. VOGEL und M. SEUBERT bis zu D. BRANDIS fortsetzend, kann A. F.W. SCHIMPER als Begründer der ökologischen Pflanzengeographie angesehen werden.

Abb. 57: **Andreas Franz Wilhelm SCHIMPER (1856–1901)** – Assistent am Botanischen Institut, 1883 Privatdozent für Physiologische Botanik, 1886–1898 Extraordinarius für Botanik und Pharmakognosie sowie Kustos der Botanischen Anstalten [Ausschnitt aus Foto *Paul Venter*, Wikipedia]

Auch STRASBURGER betonte in seiner botanischen Lehre und Forschung nicht nur den phylogenetischen Aspekt, sondern auch den damit verbundenen ökologischen: Etwa in seiner Kaiser-Geburtstagsrede Anfang 1892 behandelte er *»in ebenso gedankenreicher wie form-schöner Weise die Frage der Correlations-Verhältnisse in der Natur«* (Holzmann 1967). Seine Auffassung dazu erläuterte er in einem ›Deutsche Rundschau‹-Artikel (Sept. 1892) über »Wechselwirkungen in lebendigen Organismen«: Anpassung an verschiedene äußere Standort-Bedingungen geschieht durch erblich fixierte Ausprägung von ›möglichst vorteilhaften‹ morphologischen und physiologischen Eigenschaften; dies wird veranlasst durch ›correlative Wirkungen‹ zwischen zahlreichen, komplex ineinander greifenden Bedingungen und Mechanismen (S. 416f.) und nicht nur durch einfache Reiz-Reaktions-Mechanismen. Allgemein mündeten STRASBURGERS präzise vergleichend-morphologische Resultate für verschiedene Pflanzenarten und -familien stets in einer Erklärung durch prinzipielle Entwicklungs- und Funktionsweisen, so in seinen Arbeiten über Pollenschlauch-Wachstum und Eizellen-Befruchtung mit einer »Theorie der Zeugung« (1884) oder über Bau und Wachstum von Leitungsbahnen (1891) bzw. Zellwänden (1882/89). Hierbei erkannte er, wie vor ihm 1880 auch HANSTEIN, die kontinuierliche protoplasmatische Verbindung der Pflanzenzellen über schmale Durchlässe in den Zellwänden, benannte sie als ›Plasmodesmen‹ und sah darin die Möglichkeit von zellübergreifenden Wechselwirkungen und Reizvermittlungen im Pflanzengewebe. Dies erklärte er ausführlich in seiner Antrittsrede als Rektor des Akademischen Jahres 1891/92 mit dem Titel »Das Protoplasma und die Reizbarkeit«, worin er auch auf ähnliche Theorien seiner medizinischen Kollegen in Poppelsdorf hinwies, nämlich des schon 1876 verstorbenen Anatomen Max SCHULTZE sowie des parallel zu ihm 30 Jahre lang wirkenden Physiologen Eduard PFLÜGER.

Mit diesen und weiteren Arbeiten, welche sich der Klärung komplexer Fragen der Reduktionsteilung, Spindelbildung sowie der Chromosomen als Vererbungsträger (1900) und der Geschlechtsdifferenzierung bei diözischen Pflanzen (1900) widmeten, ist STRASBURGER zum führenden Begründer der modernen Botanik und insbesondere der Pflanzen-Zytologie geworden (Karsten 1912, Volkmann 2013). Zwei epochemachende Lehrwerke hat er hinterlassen: »Das Botanische Praktikum. Anleitung zum Selbststudium der mikroskopischen Botanik…« (1884), inklusive einer kleineren Variante, und den weltbekannten, derzeit in seiner 36. Auflage befindlichen ›Strasburger‹, das umfassende »Lehrbuch der Botanik für Hochschulen«. Dessen erste Auflage (1894) wurde als ›Bonner Viermännerbuch‹ in vier Teilen verfasst von ihm selbst (Einleitung und Morphologie), seinen beiden Assistenten NOLL (Physiologie) und SCHENK (Kryptogamen) sowie seinem Kustos SCHIMPER (Phanerogamen).

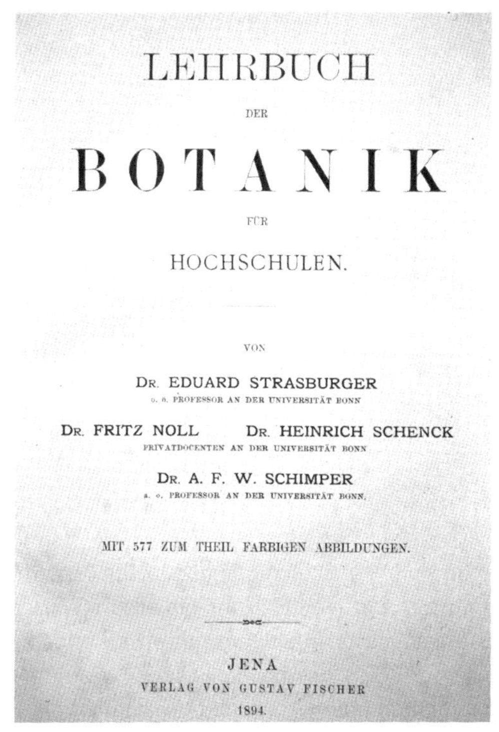

LEHRBUCH

DER

BOTANIK

FÜR

HOCHSCHULEN.

VON

DR. EDUARD STRASBURGER
O. Ö. PROFESSOR AN DER UNIVERSITÄT BONN

DR. FRITZ NOLL DR. HEINRICH SCHENCK
PRIVATDOCENTEN AN DER UNIVERSITÄT BONN

DR. A. F. W. SCHIMPER
A. O. PROFESSOR AN DER UNIVERSITÄT BONN.

MIT 577 ZUM THEIL FARBIGEN ABBILDUNGEN.

JENA
VERLAG VON GUSTAV FISCHER
1894.

Abb. 58: Titelbild der Originalauflage des ›**Strasburger**‹: **Lehrbuch der Botanik für Hochschulen** (1894) [© W. Barthlott, Lotus-Salvinia.de]

Abb. 59: **Fritz Noll (1858–1908)** – ab 1889 Assistent am Botanischen Institut, 1898–1907 außerordentlicher Professor für Botanik sowie Vorsteher des Botanischen Institutes der Landwirtschaftlichen Akademie Poppelsdorf [Ausschnitt aus Foto *Autor unbekannt*, Universitätsarchiv Bonn]

Heinrich Schenk (1860–1927), der 1879 sein naturwissenschaftliches Studium in Bonn begonnen und dann 1882–84 Doktorand bei Strasburger war, spezialisierte sich unter Anleitung von Schimper, den er auf seiner Brasilienreise begleitet hatte, auf tropische Pflanzengeographie, insbesondere von Wasserpflanzen und Lianen. Ab 1889 war er als Privatdozent auf diesem Gebiet tätig. Nach seiner Berufung 1896 zum Ordinarius in Darmstadt war er weiterhin Mitherausgeber des Lehrbuches bis zu dessen 16. Auflage (1923). Ebenso ab 1889 erschien als Privatdozent für Pflanzenphysiologie und Assistent am Botanischen Institut der Sachs-Schüler **Fritz Noll (1858–1908)** mit diversen Vorlesungen zur Geschichte der Botanik, zu Kulturpflanzen und zu Meerespflanzen, seinem Spezialgebiet. 1898 wurde er außerordentlicher Professor und löste an der Landwirtschaftlichen Akademie Poppelsdorf Friedrich August Körnicke als Vorsteher des dortigen Botanischen Instituts ab. Nach Nolls Tod übernahm seinen ›Strasburger‹-Lehrbuchteil (in der 10.–16. Auflage) der Pflanzenphysiologe **Ludwig Jost (1865–1947)**, seit 1908 Botanik-Ordinarius in Straßburg; als Noll nach Halle berufen wurde, hatte er 1907–08 zunächst dessen Nachfolge als Direktor des landwirtschaftlichen Botanik-Institutes in Poppelsdorf angetreten. Dessen Leitung ging nun an den Sohn **Max Koernicke (1874–1955)** über, welcher sein Botanik-Studium in Bonn 1896 mit einer zytologischen Promotion bei Strasburger abgeschlossen und danach als dessen Assistent gewirkt hatte, sowie als Privatdozent – nach 1901 erfolgter Habilitation über »Kern- und Zellstudien« bei Reinke in Kiel. Nach Strasburgers Tod 1912 bearbeitete Max Koernicke dessen Praktikums-Bücher in vielen Neuauflagen weiter und bot bis zu seiner Emeritierung 1939 regelmäßig Vorlesungen und Übungen für Biologen an wie »Anatomie und Physiologie der Pflanzen«, »Allgemeine Bakteriologie« und »Pflanzliche Zellforschung«.

Abb. 60: **Max Koernicke (1874–1955)** – nach Promotion 1896 bei Strasburger am Botanischen Institut Assistent und Privatdozent, 1908–1939 Professor für Landwirtschaftliche Botanik [Foto ca. 1900 *Autor unbekannt*, Universitätsarchiv Bonn]

Nachfolger SCHIMPERS auf der Kustodenstelle wurde 1899 der bei PFEFFER in Leipzig habilitierte Botaniker **George KARSTEN (1863–1937)**, der nach einigen Dozentenjahren bei REINKE in Kiel nun das planmäßige Extraordinariat in Bonn antrat. Er hatte Kernteilungs- und Zellspindel-Untersuchungen unter anderem bei Plankton-Diatomeen durchgeführt und setzte diese Forschungen hier für Süßwasseralgen fort, publizierte aber auch über allgemeine Themen wie »Monokotylbäume«. Nach SCHIMPERS frühem Tod übernahm er dessen ›Strasburger‹-Lehrbuchteil über Samenpflanzen (Phanerogamen) ab der 6. Auflage (1904), allerdings in einer vollständigen Neubearbeitung, welche den kontinuierlichen Übergang von den Kryptogamen betonte. Auch nach seinem Wechsel 1909 auf das Botanik-Ordinariat in Halle führte er die Mitarbeit am Lehrbuch lebenslang weiter bis zur 19. Auflage im Alter von 73 Jahren. Zusätzlich hatte er noch in Bonn einen Beitrag »Biologie der Pflanzen« für das »Lehrbuch der Biologie für Hochschulen« vorbereitet, welches (neben einem ähnlichen Werk von Oskar HERTWIG) als erstes deutsches Biologie-Lehrbuch 1911 erschien und offenbar eine verallgemeinerte Variante des ›Strasburger‹ darstellte! Initiator und führender Herausgeber war der jahrzehntelange Privatdozent und Prosektor am Anatomischen Institut der Medizinischen Fakultät, **Moritz NUSSBAUM (1850–1915)**, der dort ab 1907 als Professor und Leiter eines neu gegründeten »Biologischen Laboratoriums« wirkte.

Abb. 61: **George KARSTEN (1863–1937)** – von 1889 bis 1909 Extraordinarius für Botanik und Pharmakognosie sowie Kustos der Botanischen Anstalten [Ausschnitt aus Foto *Autor unbekannt*, ›Catalogus-professorum-halensis‹, Universitätsarchiv Halle-Wittenberg: Rep. 6, Nr. 1407]

Kustos wurde danach, allerdings nur für den Zeitraum 1909–1911, der etwas jüngere Pflanzenphysiologe **Wilhelm BENECKE (1868–1946)**, der in der gleichen Zeit wie sein Vorgänger bei PFEFFER Assistent gewesen und nach Habilitation in Straßburg seit 1900 Professor ebenfalls bei REINKE in Kiel geworden war. In Bonn initiierte er ein »Praktikum der botanischen Bakterienkunde« und entwarf zusammen mit STRASBURGER den »Botanischen Teil« einer »Zellen- und Gewebelehre. Morphologie und Entwicklungsgeschichte«, welche im Sammelwerk »Die Kultur der Gegenwart« 1913 erschien. Nach einer Zwischenstation an der Landwirtschaftlichen Hochschule in Berlin wurde er noch während des Krieges 1916 Botanik-Ordinarius in Münster.

In mehrfacher Hinsicht BENECKES Nachfolger wurde der Phytopathologe **Ernst KÜSTER (1974–1953)**. Auch er war PFEFFER-Schüler und hatte nach seiner Habilitation 1899 in Halle über pflanzliche Gallen ab 1909 bei REINKE in Kiel gelehrt, bevor er 1911 als Kustos das hiesige Extraordinariat für die Pharmakognosie-Ausbildung übernahm. Neben zusätzlichen Vorlesungen über »Entwicklungsmechanik der Pflanzen« und zur Geschichte von Botanik und ›Drogenkunde‹ verfasste er ein »Lehrbuch der Botanik für Mediziner« (1920), wurde dann aber auf das Botanik-Ordinariat in Gießen berufen, wo er seine Forschungen zur pathologischen Zellmorphologie und Zellbildung in der Monographie »Die Pflanzenzelle« (1935) zusammenfasste.

Abb. 62: **Ludwig BEIßNER (1843–1927)** – als SINNINGS Nachfolger von 1887 bis 1909 Garteninspektor des Botanischen Gartens am Poppelsdorfer Schloss [Ausschnitt aus Foto ca. 1900 *Autor unbekannt*, Archiv des Botan. Gartens Bonn]

Der Kustos und die jeweiligen (seit 1904 zwei) Assistenten STRASBURGERS waren sowohl für das Botanische Institut als auch den Botanischen Garten eingestellt, so dass er sich als Direktor primär seinen Forschungen und weiteren Aktivitäten widmen konnte (etwa im Naturhistorischen Verein, im Poppelsdorfer Gemeinderat oder auf seinen zahlreichen »Riviera«-Reisen). Nach zügiger Erweiterung der Gartenfläche auf 8 $\frac{1}{2}$ Hektar durch Zuschüttung des halben Schlossweihers und nach Einfriedung mit einem eisernen Gitter (1886, für 4500 Mark) konnte unter dem neuen Garteninspektor und Dendrologen **Ludwig BEIßNER (1843–1927)** ab 1887 auf den neu entstandenen Gartenstreifen eine ökologische sowie eine landwirtschaftliche Abteilung eingerichtet und das Arboretum neu bepflanzt werden. Der nun nach Berlin zweitgrößte botanische Garten Preußens war an drei Nachmittagen geöffnet, an einem auch die teilweise schon baufälligen Gewächshäuser. Als Behelf errichtete STRASBURGER 1892/3 auf dem Dachboden an der Nordostfront des Poppelsdorfer Schlosses ein kleines Gewächshaus, nachdem er schon 1890 auch die Eckräume im Ostturm als Laboratorien für das Botanische Institut hinzugenommen hatte, welches nun im Obergeschoss des Schlosses inklusive der Direktoren-Wohnung eine durchgehende Zimmerflucht der südöstlichen Schlosshälfte bildete, von der Kapelle bis zum Hörsaal über dem Eingang. Weitere Details zu STRASBURGER finden sich in (Fitting 1933, Stoverock 2001) sowie im Artikel von (Fitting 1970a) mit etlichen Zitaten aus Nachrufen, so etwa dem von (Karsten 1912). Hier sei nur noch auf seine 30-jährige Mitgliedschaft im ›Wissenschaftlichen Kränzchen‹ hingewiesen, dem seit Gründung 1877 auch schon HANSTEIN angehört hatte. Insgesamt 13 Vorträge aus seinem Forschungsbereich hatte er dort gehalten, so im Juni 1910 über »Einwendungen gegen Darwin's natürliche Zuchtwahl« und im Januar 1912 – ein viertel Jahr vor seinem Tode – »Über die Bedeutung der Kerne als Erbträger« (siehe auch das Kapitel ›Bezüge zu anderen Wissenschaftsbereichen‹).

Botanisches Institut und Botanischer Garten in den Kriegs- und Nachkriegszeiten sowie Gründung des Pharmakognostischen Instituts (1912–1969)

Als Nachfolger STRASBURGERS wurde zum Oktober 1912 der Pflanzenphysiologe **Johannes / Hans FITTING (1877–1970)** berufen. Nach Studium der Botanik, Chemie und Geologie in Straßburg war er dort 1900 mit einer entwicklungsgeschichtlichen Dissertation über Makrosporen bei Gefäß-Kryptogamen promoviert worden und hatte danach in Leipzig, wiederum bei PFEFFER, sein erstes Arbeitsgebiet der pflanzlichen Reizphysiologie begonnen. Als Assistent bei VÖCHTING in Tübingen habilitierte er sich 1903 »über den Haptotropismus der Ranken« und erbrachte bis 1907 den experimentellen Nachweis, dass geotropische Reizbewegungen nicht durch eine unmittelbare ›Statolithen-Theorie‹ zu erklären sind. (Hierüber hatte STRASBURGERS zweiter Assistent Heinrich SCHRÖDER in Bonn 1904 seine Dissertation geschrieben.) Das generelle Konzept einer Vermittlung pflanzlicher Reizantworten durch ›chemische Signalstoffe‹ hatte SACHS schon 1863/65 in Bonn bei seinen Arbeiten zur Blühinduktion entworfen. Nach Studien mit Orchideenblüten, welche FITTING auf einer Java-Stipendienreise 1907/08 begonnen hatte, entdeckte er nun 1909 einen stark löslichen chemischen Stoff als Blühinduktor, welcher sich Jahrzehnte später als

›Auxin‹ herausstellte. Diese sowie weitere Arbeiten zum Wasserhaushalt von Wüstenpflanzen führte er am Botanischen Institut in Straßburg durch, wohin ihn 1908 sein ehemaliger Lehrer JOST als Extraordinarius geholt hatte.

Abb. 63: **Hans FITTING (1877–1970)** – Pflanzenphysiologe, von 1912 bis 1946 Botanik-Ordinarius und Direktor der Botanischen Anstalten, 1918/19 und 1945/46 Nachkriegsdekan der Philosophischen bzw. Mathematisch-Naturwissenschaftlichen Fakultät, 1922/23 Rektor der Universität [Ausschnitt aus Portrait-Foto 1927 *Photoatelier Schafgans (Rathausgasse)*, Universitätsarchiv Bonn]

Nach kurzen Zwischenstationen in Halle und Hamburg (als dortiger Direktor der Botanischen Staatsinstitute mit der Option einer Universitätsgründung) übernahm er nun in Bonn-Poppelsdorf nach eigenen Worten die *»sehr dornenvolle Aufgabe«*, aus den kaum verbesserungswürdigen Räumen des vernachlässigten Botanischen Instituts im Poppelsdorfer Schloss *»ein möglichst ›modernes‹ Institut hervorzuzaubern«* (Fitting 1970b). Dazu hatte ihm die preußische Regierung bis zum Jubiläumsjahr 1918 einen Instituts-Neubau versprochen – *»allerdings unter der Voraussetzung, dass es vorher nicht zum Krieg komme«* – und ausreichende Mittel bereitgestellt für die fehlende physikalisch-chemische Ausstattung im Institut sowie für den Bau des heute noch bestehenden Versuchsgewächshauses im Botanischen Garten zur Durchführung physiologischer Experimente. Zusammen mit dem im April 1913 aus Göttingen gekommenen neuen Garteninspektor **Christian WIESEMANN (1876–1968)** gelang die Fertigstellung bis zum Kriegsbeginn, obwohl die Einrichtung der vier Gewächshaus-Kammern und sonstiger Arbeitsräume sich noch bis 1916 herauszögerte, nachdem FITTING von seinem Kriegsinnendienst in Köln an die Universität Bonn zurückbestellt worden war.

Im Obergeschoss des Poppelsdorfer Schlosses hatte FITTING gleich 1912 den Hörsaal erweitern und den südwestlichen Trakt (zwischen Kapelle und seiner Wohnung) zu Laboratorien ausbauen lassen. Die durch Schenkung der privaten

STRASBURGER-Bibliothek seitens seiner Erben wesentlich aufgestockte Instituts-Bücherei wurde in wenigen Räumen unter der südöstlichen Mittelkuppel aufgestellt und das Herbarium auf deren Mansarde deponiert. Noch 1913 erschien in Bonn die 12. Auflage des ›Strasburger‹-Lehrbuchs, dessen Einführungs- und Morphologie-Teil FITTING auf Wunsch des Mitherausgebers JOST übernommen hatte und 40 Jahre lang bis zur 26. Auflage 1954 weiterführte.

FITTINGS Wirkungszeit bis zu seiner Emeritierung im Oktober 1946 umfasste zwei Weltkriege, an deren Ende ihm das jeweilige Nachkriegs-Dekanat (1918–19 und 1945–46) übertragen wurde und wozwischen er während der kritischen Jahre 1922–24 als Rektor bzw. Prorektor für die Universität entscheidende Maßnahmen in gekonnter Absprache mit den jeweiligen militärischen Besatzungsbehörden traf. Dies ließ ihm nur etwas mehr als ein Jahrzehnt frei für eigene Forschungen. Neben weiteren reiz- und entwicklungsphysiologischen Themen (Wundhormone, Dorsi-Ventralität) wandte er sich einem zweiten Arbeitsgebiet zu: In Weiterführung von SCHIMPERS »physiologischer Pflanzengeographie« favorisierte er eine »ökologische Pflanzenphysiologie und -morphologie« in neuer geographischer Betrachtungsweise, nämlich mittels Analyse der ›Lebens-Eigentümlichkeiten‹ jeder Pflanze durch Freilanduntersuchung des jeweiligen ›Standortes‹, wozu Substrat und Lebensgenossen gehörten (1922). Am Beispiel von Xerophyten in Hochmooren wies er auf die Gefährlichkeit allgemeiner ›Standort-Regeln‹ hin: *»In der belebten Natur führen meist mehrere Wege zum selben Ziel«* (ebda. S. 17). Hierzu sei erwähnt, dass sich im Kriegsjahr 1944 mit seiner Unterstützung die wissenschaftliche Mitarbeiterin am Naturhistorischen Verein in Bonn, **Käthe KÜMMEL (1905–1995)**, beim Geographen Carl TROLL aufgrund einer pflanzengeographisch-vegetationskundlichen Studie über das mittlere Ahrtal habilitierte.

Abb. 64: Gartenoberinspektor **Christian WIESEMANN (1913–1947)** inmitten seiner Gärtnerriege [Ausschnitt aus einem Foto ca. 1930 *Autor unbekannt*, Archiv des Botan. Gartens Bonn]

In ähnlichem Maße unter Einbeziehung von Erfahrungen und Sammlungen seiner Tropenreisen widmete sich FITTING dem Botanischen Garten, in steter Unterstützung durch den (1927 beförderten) ›Gartenoberinspektor‹ WIESEMANN: Neubau des ehemaligen Palmenhauses sowie Umbau des zugehörigen Pförtnergebäudes aus Mitteln des staatlichen ›Rheinlandfonds‹ (1923–26, wegen Inflation verzögert), Anlage einer Xerophyten-Terrasse vor der sonnigen Südwestfront des Schlosses (ab 1924) sowie eines runden Wasserpflanzen-Beckens inmitten des Sytems (1925), siehe auch (Stoverock 2001, S. 232ff.).

Die vor und nach den Kriegen zeitweise stark angewachsene Nachfrage nach botanischen Vorlesungen, Übungen und Praktika (für Biologen, Mediziner, Pharmazeuten sowie Nahrungsmittelchemiker) wurde mit Hilfe des Extraordinarius, aber auch der (ab 1920 drei) Assistenten bewältigt, von denen – bis auf eine 10-jährige Unterbrechung – jeweils einer als Privatdozent mitwirkte: so Walter BALLY, der 1912–14 die schon von SCHRÖDER angebotene Vorlesung »Allgemeine Vererbungslehre« weiterführte, und Camill MONTFORT, welcher 1921–1923 Spezialvorlesungen über Hydrobiologie, Schwämme und »Stoffwechsel bei Bakterien und Pilzen« anbot. KÜSTER, der als Extraordinarius und Kustos zusammen mit FITTING 1919 das Zwischensemester-Angebot für Kriegsheimkehrer bestritten hatte, las neben der standardmäßigen »Pflanzengeographie« auch über »Entwicklungsmechanik von Pflanzen«. Demgegenüber bot sein Nachfolger, der nur für zwei Semester (1921–22) in Bonn gebliebene PFEFFER-Schüler und Stoffwechsel-Physiologe **Kurt NOACK (1888–1963)**, erstmalig eine Vorlesung zur »Biochemie der Pflanzen« an. Nach seinem Weggang auf das Erlanger Botanik-Ordinariat wurden die für das Sommersemester 1922 schon angekündigten Pharmakognosie- und Systematik-Veranstaltungen durch einen kurzfristig erteilten Lehrauftrag an den Göttinger Botanik-Extraordinarius **Siegfried Veit SIMON (1877–1934)** garantiert. Noch im August 1922 unter dem Rektorat von FITTING beantragte die Philosophische Fakultät die durch 15 (!) auswärtige Gutachten gestützte Nachfolge-Berufung von SIMON als dem weitaus besten jungen Botaniker ohne Alternative. Dementsprechend erhielt dieser schon Ende Oktober die Bestallung als (aufgrund der damals ausgeführten Becker'schen Universitätsreform) ›persönlicher‹ ordentlicher Professor zwecks Vertretung des planmäßigen Extraordinariats für »Botanik, Pharmakognosie und Nahrungsmittelbotanik« sowie Übernahme der Kustoden-Aufgaben in Institut und Garten. Dazu gehörten neben der dortigen Aufsicht insbesondere die Leitung von Exkursionen, die Führung des Herbariums und (auf Vorschlag FITTINGS) die Überwachung der Pflanzenbestimmungs-Übungen.

Nach gärtnerischer Ausbildung und Botanik-Studium sowie Promotion (1904) bei PFEFFER in Leipzig war SIMON zunächst dort, dann in Göttingen Assistent und (seit 1909) auch Privatdozent bei Gottfried BERTHOLD geworden, der dort selbst Privatdozent bei REINKE gewesen war und 1891 dessen Nachfolge als Direktor des Pflanzenphysiologischen Instituts angetreten hatte. SIMONS Forschungsgebiet vor einer fünfjährigen Unterbrechung durch Kriegsteilnahme und Gefangenschaft war die Entwicklungsphysiologie insbesondere von Holzgewächsen, mit Anwendungen auf tropische Nutzbäume. In Bonn nahm er das aufblühende Gebiet der Vererbungsphysiologie und Genetik hinzu, so dass durch ihn Anfang der 1930er Jahre auch in der Botanik wieder Veranstaltungen zur »Vererbungslehre« angeboten werden konnten. Dies war in der Zoologie schon vorher regelmäßig erfolgt und wurde dann während der nationalsozialistischen Zeit zu einer wechselseitig gehaltenen großen Pflichtvorlesung, vor allem für Medizin-Studierende.

Nach fast 10-jähriger Pause fand auf FITTINGS originellem Forschungsgebiet, der chemischen Pflanzenphysiologie, Anfang 1933 wieder eine Habilitation statt, und zwar die seines zweiten Assistenten **Walter SCHUMACHER (1901–1976)** mit einem Kolloquiumsvortrag über den pflanzlichen Säurestoffwechsel und einer »*meisterhaften*«, weil in freier Rede vorgetragener Antrittsvorlesung über »Die Stoffwanderung in der Pflanze«. Hierüber hatte SCHUMACHER in zwei Arbeiten (1930/33) mit Hilfe von präzisen Messungen der Transportgeschwindigkeit in den Leitbündeln höherer Pflanzen aufsehenerregende und wegweisende Ergebnisse erzielt. Nach seiner Promotion 1927 (mit einer Dissertation über den Eiweiß-Stoffwechsel) bei W. RUHLAND in Leipzig war er auf dessen Empfehlung hin ans Bonner Botanische Institut gekommen. Vorher hatte er 1923–1925 in schweren Notzeiten als Leipziger ›Werkstudent‹ sein Pharmaziestudium abgeschlossen, nach Lehre und Praktikum in einer Würzburger Apotheke. Als nun SIMON kurz vor Wintersemesterbeginn 1934/35 wegen tödlich verlaufender Erkrankung ausfiel, war SCHUMACHER als ausgebildeter Apotheker und wissenschaftlich anerkannter Privatdozent der Botanik vollauf geeignet, die schon angekündigte Lehre in Pharmakognosie und Nahrungsmittelbotanik kurzfristig zu übernehmen. Allerdings wurde die schon im Februar 1935 von der Philosophischen Fakultät eiligst verabschiedete Berufungsliste zur Nachfolge SIMON, mit SCHUMACHER an eindeutig führender Stelle, vom Ministerium erst zum 1. April des Folgejahres durch dessen Berufung zum ›persönlichen‹ ordentlichen Professor mit Extraordinarien-Gehalt eingelöst. Grund für die Verzögerung könnte zwar, nach eigener Einschätzung SCHUMACHERS, seine fehlende Mitgliedschaft in nationalsozialistischen Organisationen gewesen sein, aber auch die Tatsache, dass FITTING sich in mehreren ministeriellen Eingaben parallel zum Berufungsverfahren explizit dafür ausgesprochen hatte, als Kustos und Pharmakognosie-Professor, wie früher, nur einen ihm formell unterstellten Extraordinarius zu berufen.

Abb. 65: **Walter Schumacher (1901–1976)** – Pflanzenphysiologe, zunächst Assistent am Botanischen Institut, dann ab 1933 Privatdozent und ab 1936 (persönlicher) Ordinarius, als Nachfolger Fittings von 1947 bis 1969 Direktor der Botanischen Anstalten [Ausschnitt aus Portrait-Foto ca. 1972 *Paulus Belling (Markt31)*, Bild Nr. 65200, Universitätsarchiv Bonn]

Es sollte sich jedoch in den folgenden Jahren herausstellen, dass in der Tat schon ab 1934 das durch die Relegation Hausdorffs freigewordene dritte Mathematik-Ordinariat von Regierung und Universitätsleitung der Botanik zugedacht worden war (eventuell wegen der Bedeutung genetischer Pflanzenforschung, wie sie in der Landwirtschaftlichen Fakultät seit 1934 unter Max Koernicke forciert wurde) und im Kriegsjahr 1941 als zweites planmäßiges Botanik-Ordinariat Schumacher zugesprochen wurde. Dieser lehnte 1943 einen auswärtigen Ruf abermals ab, *»sehr zum Ärger Fittings«* (Schumacher 1971), und führte in Bonn sein volles Lehrdeputat und seine experimentellen Forschungen zum intrazellulär vermittelten Nah- und Ferntransport pflanzlicher Stoffe weiter, allerdings ohne die Funktion des Kustos innerhalb der Botanischen Anstalten wahrzunehmen! Die offensichtliche ›Antinomie‹ zwischen den beiden botanischen Ordinarien trieb noch im Kriegsjahr 1944 eine kuriose ›Notblüte‹, als Fitting eine Eingabe an das Ministerium machte, Schumacher per Erlass zu beauftragen, ihn bei der Praktikumsausbildung durch Übernahme der Hälfte der inzwischen auf 29 angestiegenen Teilnehmerzahl zu unterstützen, da dessen Lehrdeputat noch Spielraum habe, während der Assistent G. Schaffstein im Kriegsdienst war (PF-PA 2018). Im selben Jahr erschien aber auch die 22. Auflage des ›Strasburger‹, für die neben Fitting erstmals auch Schumacher als Mitherausgeber des Jost'schen Physiologie-Teils auftrat, den er vom 1940 erkrankten Kölner Botanik-Ordinarius Hermann Sierp übernommen hatte. Diese Zusammenarbeit sollte 10 Jahre lang über 5 Auflagen hin andauern!

Abb. 66: Die weitgehend erhalten gebliebene (nordöstliche) Frontseite des kriegszerstörten **Poppelsdorfer Schlosses** mit ausgebranntem Dachstuhl des Botanischen Institutes (links); beim Wiederaufbau des Schlosses Anfang der 1950er Jahre wurde das Obergeschoss durchgängig angelegt sowie ein Zwischengeschoss eingezogen [Foto ca.1946 *Autor unbekannt*, Archiv des Poppelsdorfer Heimatmuseum]

Beim Bombardement des Poppelsdorfer Schlosses am 4. Februar 1945 war im Gegensatz zu den Bereichen der Zoologie und Mineralogie fast das gesamte Botanische Institut verschont geblieben, jedoch wurden bei einem Dachbrand zwei Tage später alle zwischen den Türmen liegenden Laboratorien zusammen mit Demonstrations- und Sammlungsmaterial zerstört (nur wertvolle Instrumente und Mikroskope waren nach Göttingen ausgelagert). Erst im Mai 1945 konnte der für 4 Monate evakuierte Direktor und spätere Nachkriegsdekan FITTING im Auftrag der Besatzungsmacht zurückkehren und noch erhaltene Ausstattungsteile bergen (Bibliothek, Herbar und Schautafeln, s. Abb. 67). Behelfsweise wurden sie zuerst im Keller bzw. im notdürftig hergerichteten Versuchsgewächshaus aufgestellt, dann im verwaisten Botanischen Institut der Landwirtschaftlichen Fakultät und, noch vor Beginn des Wintersemesters 1945/46, im Institut für Pflanzenkrankheiten (Nussallee 9), wo auch der Unterricht wieder aufgenommen werden konnte.

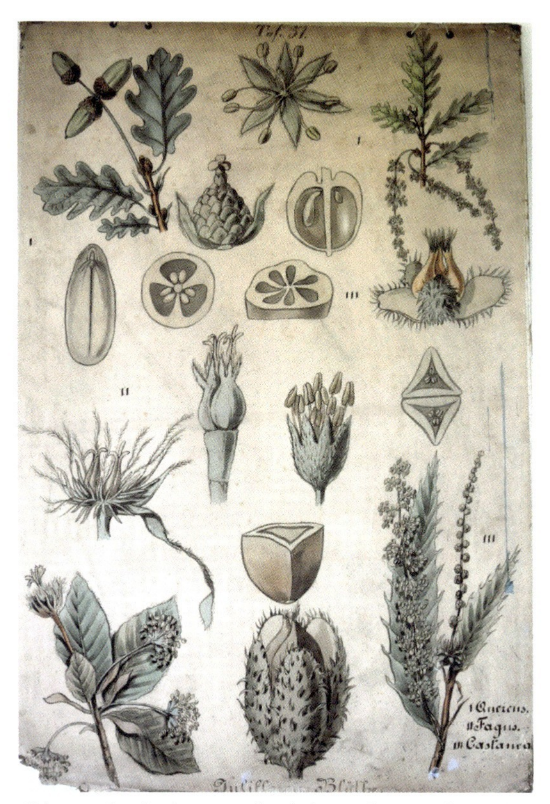

Abb. 67: Eine der heute noch erhaltenen **botanischen Schautafeln** (Eckern und Eicheln), welche den Brand im unbeschädigten Dachgeschoss links neben der erhaltenen Hörsaal-Kuppel (über dem Schlosseingang, siehe Abb. 66) überstanden hatten [Foto 2016 *W. Alt* vom Original im Nees-Institut]

Anfang 1946 hatte FITTING, der auch Mitglied der Wiederaufbau-Kommission war, ohne Wissen SCHUMACHERS dem Ministerium vorgeschlagen, das ausgebrannte Garteninspektor-Haus zum Institut auszubauen, als Alternative zum Wiedereinzug in ein zu beengtes Poppelsdorfer Schloss. Nach einer Lungenerkrankung legte FITTING allerdings schon im Frühjahr 1946 alle Ämter nieder und beantragte seine Emeritierung zum Oktober 1946. Daraufhin folgte die Landesregierung dem Antrag der Mathematisch-Naturwissenschaftlichen Fakultät auf (Rück)-Umwandlung seines Ordinariat in ein Ordinariat der Mathematik (Beförderung PESCHLS) – mit expliziter Zustimmung des englischen Besatzungsoffiziers – und ernannte den verbleibenden Botanik-Ordinarius SCHUMACHER, der schon im Sommersemester vertretungsweise die Leitung der Botanischen Anstalten übernommen hatte, zum Februar 1947 als deren Direktor. Durch gezielte Weiterführung der Planungen und Arbeiten konnte dieser nach zweijähriger Bauzeit im Frühjahr 1949 das aufgestockte neue Institutsgebäude (heute Meckenheimer Allee 170) beziehen, mit 3 Assistenten und dem Emeritus FITTING sowie mit dem Kustos **Heinz PAUL (1908–1980)** und dem Extraordinarius **Maximilian STEINER (1904–1988)**.

Für das im Gegenzug von den Mathematikern (wieder) überlassene planmäßige Extraordinariat der Botanik hatte die Fakultät schon Ende Februar 1947 beim Ministerium eine Berufungsliste eingereicht mit dem schon umfangreichen bisherigen Lehrdeputat inklusive Pharmakognosie sowie »*Systematik der niederen und höheren Pflanzen (ev. im Wechsel mit Pflanzengeographie oder Vererbungslehre)*«, aber wegen drohender Überlastung in der gegenwärtigen Aufbausituation die Schaffung einer eigenen Angestellten-Stelle für den Kustos mit dessen zusätzlichen Aufgaben beantragt. Nach Zusage des damaligen Rektors und Kultusministers Heinrich KONEN, den deutlich erstplatzierten Kandidaten, nämlich den in Wien promovierten und in Stuttgart habilitierten chemischen Pflanzenphysiologen und ökologischen Pflanzengeographen Maximilian STEINER aus Göttingen zu berufen, vertrat dieser zunächst ab Juni 1947 das Extraordinariat und bot zum Wintersemester die entsprechende Lehre an sowie zusammen mit SCHUMACHER erstmals ein »Botanisches Colloquium«. Wegen eines parallelen Rufes STEINERS an die TH München hatte die Fakultät den Minister schon im September um baldige Berufung gebeten, da seine Gewinnung zur Entlastung des Direktors SCHUMACHER »*für die Fakultät … eine Lebensfrage*« sei; doch erst nach einer von STEINER vollzogenen Kündigung zum Jahresende wurde dieser per Erlass vom Mai 1948 rückwirkend ab Februar zum Extraordinarius in Bonn berufen (PA 9445), allerdings ohne die Kustoden-Funktionen. Dafür wurde eine neue Kustoden-Stelle bewilligt und dem promovierten Zoologen und kriegsverletzten Mathematik- und Latein-Lehrer aus Königsberg, Heinz PAUL, zunächst für ein Jahr vertretungsweise und dann 1949 voll übertragen.

Seit Anfang 1948 war als Ersatz für den pensionierten Gartenoberinspektor WIESEMANN der aus Schlesien geflüchtete Gartenarchitekt **Jürg STRASSBERGER (1907–1973)** probeweise beschäftigt; die Planstelle als Gartenleiter erhielt er wegen Zeugnis-Schwierigkeiten erst sukzessive 1949/1950. In planender und tätiger Zusammenarbeit mit diesen beiden Kräften gelang es dem Gartendirektor SCHUMACHER, innerhalb von fünf Jahren den verwüsteten Botanischen Garten wieder neu anzulegen: Aufbau der **Gewächshäuser**, Anlage eines neuen ›phylogenetischen Systems der Angiospermen‹, die südwestliche Schlossterrasse mit dem heutigen Wasserpflanzenbecken, ein ›Zwiebel- und Schmuckgarten‹ nach Verlegung der Arzneipflanzen-Abteilung, eine ›historische‹ sowie eine ›Blüten- und Frucht-ökologische‹ Abteilung. Mit der Verlegung von Wasserleitungen erhielten alle Wege einen neuen Unterbau sowie 1996 historische Namen etlicher für den Garten wichtiger Persönlichkeiten (Stoverock 2011; Lobin 2014). Auch die heutige Außenstelle ›Melbgarten‹ wurde im Rahmen von später gestoppten Umzugsplänen des Schlossgartens im Jahr 1962 angelegt.

Abb. 68: **Jürg Strassberger (1907–1973)** – Gartenarchitekt, seit 1949/1950 Leiter des Botanischen Gartens, später auch Garteninspektor [Ausschnitt aus Passfoto im Personalbogen von 1951 *Autor unbekannt*, Universitätsarchiv Bonn]

Abb. 69: Die nach dem 2. Weltkrieg neuerbauten **Gewächshäuser** im Botanischen Garten [Foto Anfang der 1950er Jahre *Presse-Bild-Dienst H. Menzen (Bad Godesberg)*, Archiv des Botan. Gartens Bonn]

Maximilian Steiner (1904–1988) als Extraordinarius für »Botanik, Pharmakognosie und Nahrungsmittelbotanik« nahm an der Gartengestaltung nicht teil, sondern konzentrierte sich auf seine umfangreiche Lehre, wobei er neben mehreren Praktika auch ein zusätzliches »Pharmakognostisches Colloquium« einführte. Seine Selbständigkeit verstärkte sich durch die Ernennung zum ›persönlichen Ordinarius‹ im Juli 1949 und durch einen Ruf auf das Gießener Botanik-Ordinariat im Mai 1950. Bei den vom Kultusministerium zügig und positiv geführten Bleibeverhandlungen wurde der Fakultät vorgeschlagen, ein ›Institut für Spezielle und Pharmazeutische Biologie‹ unter Leitung von Steiner zu schaffen, dessen eigene Forschungsräume bei Realisierung des schon geplanten Kurssaal-Anbaus an das Botanische Institut einzurichten wären. Außerdem sollten sich die Direktoren der beiden Institute die gemeinsame Nutzung von Bibliothek, Apparaturen, Unterrichtsräumen und Garten gegenseitig zusichern (PA 9445). Dies rief noch im August 1950 den scharfen Protest des Direktors SCHUMACHER hervor, welcher die Gründung eines zusätzlichen Instituts »für spezielle Botanik« an der Universität Bonn (bei drei schon vorhandenen botanisch ausgerichteten Instituten in der Landwirtschaftlichen Fakultät) für gefährlich hielt und die vorgesehene Abgabe des in den letzten Jahren durch ihn und PAUL verstärkt betriebenen Lehr- und Forschungsbereiches ›Systematik‹ an das STEINER'sche Institut als ›desavouierend‹ ablehnte. Als sinnvolle Alternative schlug er die Abtrennung eines eigenständigen »Instituts für Pharmakognosie« außerhalb der Botanischen Anstalten vor, welches deren Einrichtungen unter vereinbarten Bedingungen mitbenutzen könne (MNF 88–49). Nach STEINERS sofortiger Zustimmung unter Vorbehalt einer gemeinsamer Verfügung über die zu schaffenden Lehrräume und unter Verzicht auf die botanische Systematik-Lehre – und nach Klärung seiner österreichischen Staatsbürgerschaft – wurde STEINER schließlich Anfang des Wintersemesters 1951/52 zum planmäßigen Ordinarius für »Pharmakognosie« und Direktor des ›***Pharmakognostischen Instituts***‹ ernannt. Dieses konnte zum folgenden Wintersemester in die aufgestockten Räume des botanischen Kurssaal-Anbaus (heute Nussallee 2) mit einem Assistenten und einer Hilfskraft einziehen und den daran angebauten Großen Hörsaal der Botanik (ab 1957) mitnutzen.

Abb. 70: **Maximilian STEINER (1904–1988)** – Pflanzenphysiologe und Pflanzengeograph, ab 1948 Extraordinarius für Botanik, Pharmakognosie und Nahrungsmittelbotanik am Botanischen Institut, 1951 planmäßiger Ordinarius für Pharmakognosie und Gründungsdirektor des Pharmakognostischen Instituts bis zu seiner Emeritierung 1972, zeitweise Präsident des Naturhistorischen Vereins [Portrait ca. 1960 *Dorothee Bleibtreu (Bonn)*, Universitätsarchiv Bonn]

In den 22 Jahren seines engagierten Wirkens in Universität und Stadt Bonn entwickelte STEINER zusammen mit einem Schülerkreis von bis zu vier Assistenten und zwei Privatdozenten sowie mit eigenem Kustos die Pharmakognosie zu einem bedeutenden Forschungs- und Lehrbereich mit Ausrichtung auf eine ›vergleichende Chemie pflanzlicher Naturstoffe‹. Dementsprechend ordnete sich das Institut 1964, nach Einzug in den Neubau Nussallee 6, primär der Fachgruppe Chemie bzw. 1971 der neu gebildeten Fachgruppe Pharmazie zu, verblieb aber auch nach Umbenennung 1973/74 als ***»Institut für Pharmazeutische Biologie«*** bis heute Mitglied der Fachgruppe Biologie (siehe auch Rücker & Panatowski, 2009).

Abb. 71: **Heinz PAUL (1908–1980)** – Pflanzensystematiker, ab 1949 (und ab 1966 Ober-) Kustos der Botanischen Anstalten, von 1970 bis zu seiner Entpflichtung 1973 apl. Professor [Ausschnitt aus Passfoto *Herff (Kaiserplatz 20)*, Personalakte Universitätsarchiv Bonn]

Heinz PAUL (1908–1980), der als Kustos der Botanischen Anstalten schon seit 1951 Übungen zur Pflanzenbestimmung durchgeführt hatte, übernahm nach seiner Habilitation 1953 die Lehre zur Systematik von Blütenpflanzen für Biologen und die schon erwähnte Neugestaltung des Garten-Systems. Er wurde, auch aufgrund mehrerer Auslandsreisen, zum Experten für die Demonstration detaillierter Pflanzenkenntnisse im Botanischen Garten, ab 1966 als ›Oberkustos‹ und ab 1970 als außerplanmäßiger Professor. Während seines Ruhestandes gelang ihm in den Jahren 1974–79 die endgültige Nachlass-Herausgabe des vierbändigen ›Marzell‹ (»Wörterbuch der deutschen Pflanzennamen«).

Der chemische Physiologe **Hermann FISCHER (1911–1986)**, Schüler von NOACK in Berlin, unter FITTING seit 1937 – bis auf den Kriegsdienst – durchgehend Assistent der Botanischen Anstalten und nach seiner Habilitation 1949 Oberassistent bei SCHUMACHER, wurde 1958 aufgrund seiner engagierten Lehre (insbesondere der pflanzenphysiologischen Übungen) sowie seiner experimentellen Arbeiten zur pflanzlichen Zell- und Ökophysiologie eine Diätendozentur und außerplanmäßige Professur verliehen. Schon vier Jahre später erfolgte seine Ernennung zum Wissenschaftlichen Rat und Leiter der von ihm aufgebauten ›Abteilung für experimentelle Ökologie‹, die er von 1964 bis zu seiner Pensionierung 1976 in den Räumen der Pharmakognosie führte. Er organisierte erstmals botanische Seminare sowie ökophysiologisch orientierte Geländekurse über Habitate und organismische Wechselwirkungen. Noch mit über 70 Jahren führte er seine beliebten Exkursionen und Blockkurse durch (PA 1994, Chronik 1985/86).

Abb. 72: **Hermann Fischer (1911–1986)** – chemischer Pflanzenphysiologe, seit 1937 Assistent und 1949 habilitierter Oberassistent der Botanischen Anstalten, 1958 Diätendozent und apl. Professor, von 1964 bis zur Entpflichtung 1976 Leiter der neu aufgebauten Abteilung für experimentelle Ökologie [Ausschnitt aus Portrait ca. 1950 *Autor unbekannt*, Universitätsarchiv Bonn]

Schumacher setzte seine Forschung über Funktion und Struktur der Siebröhren sowie über zelluläre Verbindungen zwischen Wirtspflanzen und parasitären Haustorien, welche ihn schon 1939 die sogenannten ›Außenwand-Plasmodesmen‹ entdecken ließen, weiter fort, vor allem aber in den Arbeiten seiner zahlreichen Schüler und Assistenten. Als Assistentin hatte er 1947 **Magdalene Hülsbruch (1911–1969)** eingestellt, die 1958 Oberassistentin und schließlich 1967 Akademische Rätin wurde mit weitreichenden Lehr- und Verwaltungsaufgaben. Obwohl Schumacher zunächst skeptisch gegenüber möglichen Artefakten elektronenmikroskopischer Untersuchungen war, förderte er diese schließlich und gründete 1967 unter Leitung des gerade habilitierten Assistenten Rainer Kollmann eine zweite ›Abteilung für Elektronenmikroskopie‹, für die er noch vor seiner Emeritierung 1969 ein eigenes Laboratoriums-Gebäude (heute Venusbergweg 22) in Auftrag gab. Parallel dazu kam es zur Gründung einer dritten ›Abteilung für chemische Pflanzenphysiologie‹, die von zwei kurz nacheinander (1963/64) habilitierten Dozenten geleitet wurde: **Dieter**

KLÄMBT (*1930) und **Johannes WILLENBRINK (1930–2008)**. Letzterer erhielt 1971 einen Ruf auf das Kölner Botanik-Ordinariat, aber noch bis 1973 blieb er als Gastprofessor in Bonn (und baute ein eigenes Labor im ›Soennecken‹ auf). KLÄMBT wurde Anfang 1969 zum Wissenschaftlichen Rat und Professor ernannt und Ende 1970 zum beamteten apl. Professor, als welcher er die Abteilung unter dem neuen Titel ›Molekularbiologie der Pflanzen‹ weiterführte und hierzu ein gleichnamiges Praktikum einrichtete. Seine Forschungs- und Lehrthemen ›Pflanzliche Wuchsstoffe‹ und ›Immunbiologie‹ stellten eine methodische und konzeptionelle Erweiterung der in der Bonner Botanik bisher schon betriebenen chemischen Pflanzenphysiologie dar. Das letztere Thema sollte erst 20 Jahre später durch die Berufung von N. KOCH auf eine C3-Professur »Immunbiologie« im Zoologischen Institut verankert werden (siehe Kapitel ›Zoologie‹).

Erweiterungen und Differenzierungen von Forschung und Lehre sowie Institutsaufgliederung der Bonner Botanik (1970–2016)

Zur Nachfolge SCHUMACHERS hatten Fachgruppe Biologie und Mathematisch-Naturwissenschaftliche Fakultät Berufungslisten für zwei (!) Botanik-Ordinariate einreichen können, um das Direktorat des gewachsenen Botanischen Instituts aufzuteilen *»zu gleichen Rechten und Pflichten«* der beiden Lehrstuhlinhaber (PA 14884). Noch im Sommer 1969 ergingen Rufe an die jeweils erstplatzierten: auf »Lehrstuhl Botanik I« an den Botaniker H. F. LINSKENS aus Nijmegen sowie auf »Lehrstuhl Botanik II« an den Privatdozenten **Augustin BETZ (1920–2003)**, Abteilungsleiter für ›Enzymatische Regulation‹ bei der Gesellschaft für Molekularbiologische Forschung in Stöckheim (Braunschweig), vorher nach Promotion bei W. RUHLAND in Erlangen von 1952 bis 1961 Assistent bei SCHUMACHER in Bonn, wo er ein neues Labor für biochemische Analyse des Zellstoffwechsels (in Wurzelmeristemen und Hefe) eingerichtet hatte. Beiden wurde in gemeinsamen Verhandlungen angeboten, sich im gerade erst vom Land NRW übernommenen ehemaligen ›Soennecken‹-Fabrikgebäude (Kirschallee 1–3) zu etablieren, welches allerdings *»mit einem Minimum von Aufwand benutzbar«* gemacht werden sollte. LINSKENS verwies auf das alternative, in Planung befindliche Gesamt-Konzept zum Bau eines ›Biologie-Zentrums‹, für das aber ein Entwicklungs- und Zeitplan vorliegen müsse, und lehnte die Berufung ab (MNF 88–133). Noch vor dem Wintersemester 1969/70 versuchte der Dekan vergeblich, eine Berufung des drittplatzierten zu erwirken, des SCHUMACHER-Schülers Eberhard SCHNEPF, außerordentlicher Professor für »Zellenlehre und biologische Elektronenmikroskopie« in Heidelberg, für den die drei botanischen Nichtordinarien (unter der Federführung PAULS) ein Sondervotum abgegeben hatten. Nachdem auch der anschließende Ruf an den zweitplatzierten der Liste I im Folgejahr scheiterte, unter anderem wegen Ablehnung der in NRW durch das neue Hochschulgesetz eingeführten ›Gruppenuniversität‹, blieb es zunächst bei der erfolgreichen Berufung von BETZ auf den »Lehrstuhl Botanik II« zum Jahresbeginn 1970 und bei seiner, erst auf Nachfrage des Dekans hin erfolgten Bestellung zum »Mitdirektor des Botanischen Instituts«. Entsprechend seinem bisherigen Arbeitsgebiet der Regulation von oszillierendem Stoffwechsel, insbesondere bei der Glykolyse, hielt er seine Antrittsvorlesung über »Rhythmische Prozesse im Lebensgeschehen« und etablierte eine neue ›Abteilung für Bioregulation‹ mit vier Mitarbeitern im schrittweise umgebauten ›Soennecken‹-Fabrikgebäude, welches er in ein funktionsfähiges Institutsgebäude verwandelte. Angesichts der steigenden Studentenzahlen erwirkte BETZ ab Sommersemester 1971 eine Straffung und Intensivierung der gesamten Biologie-Ausbildung, vor allem durch Einführung der allgemeinen biologischen Grundvorlesung sowie der bewährten und bis heute praktizierten vierwöchigen Blockkurse.

Abb 73: **Augustin BETZ (1920–2003)** – Botaniker und Stoffwechselphysiologe, von 1970 bis zur Emeritierung 1985 Ordinarius auf dem Lehrstuhl Botanik II und Mitdirektor des Botanischen Instituts, Leiter einer Abteilung für Bioregulation [Ausschnitt aus Portrait-Foto ca. 1968 *Foto Dethmann (Bonn)*, Personalbogen Universitätsarchiv Bonn]

Nach einer weiteren Ausschreibungsrunde für den Lehrstuhl »Botanik I« wurde zum September 1972 schließlich der Bonner Pflanzen-Cytologe **Andreas SIEVERS (1931–2009)** berufen, der seit seinem Studienabschluss 1958 mit Promotion über die »Darstellbarkeit von Ektodesmen« bei SCHUMACHER gearbeitet hatte, zunächst als Assistent, dann ab 1963 neben dem ›Garten-Kustos‹ PAUL als 2. Kustos (seit 1966 auch als ›Oberkustos‹) zur Betreuung der mikroskopischen Apparaturen am Botanischen Institut (PA 16597). Nach seiner Habilitation 1967 über den »Feinbau der Rhizoide von *Chara foetida*« war er aufgrund seiner originären Forschungen über ›submikroskopische Zell-Strukturen‹ (Rolle von

Golgi-Apparat und Statolithen beim Geotropismus) 1970 zum beamteten apl. Professor ernannt worden und leitete seither die Abteilung ›Elektronenmikroskopie‹ im Venusbergweg 22. Diese nannte er nun »Abteilung für Cytologie« und erweiterte sie zusammen mit drei wissenschaftlichen Mitarbeitern und dem Akademischen Rat **Maximilian Boecker (*1938)**, der für Lehre und insbesondere für Exkursionen beauftragt war.

Abb. 74: **Andreas Sievers (1931–2009)** – Pflanzen-Cytologe, zunächst Assistent, ab 1963 (und ab 1966 Ober-)Kustos am Botanischen Institut, 1970 apl. Professor und Leiter der Abteilung Elektronenmikroskopie, von 1972 bis zur Emeritierung 1996 Ordinarius auf dem Lehrstuhl Botanik I und Mitdirektor des Botanischen Instituts, Leiter der umbenannten Abteilung für Cytologie [Ausschnitt aus Portrait-Foto ca. 1972 *Autor unbekannt*, Personalbogen Universitätsarchiv Bonn]

Das gesamte Botanische Institut wurde im Laufe von drei Jahren personell auf das zwei- bis dreifache vermehrt und durch Einrichtung von physiologisch-chemischen Labors wesentlich erneuert. So entstand nach dem Weggang von Willenbrink 1973 unter Leitung des 1969 bei Steiner habilitierten pharmazeutischen Botanikers **Thomas Hartmann (*1939)** eine zusätzliche Abteilung ›Biochemie‹ in der Kirschallee sowie mit der Berufung des ›Pollen-Systematikers‹ **Peter Leins (*1937)** aus München als Wissenschaftlicher Rat und Professur eine sechste Abteilung ›Morphologie und Systematik‹ im alten Institutsgebäude, wodurch dieses Gebiet nach der Entpflichtung von Paul fortgesetzt wurde. Das derart vergrößerte Botanische Institut, mit seiner Gliederung in sechs Abteilungen und entsprechende Forschungsgebiete, hatte so zu Anfang der 1970er Aufbaujahre eine grundlegende Strukturierung erhalten, welche sich bis auf leichte Modifikationen auch nach 40 Jahren im heutigen Bestand der Professuren und Abteilungen wiederspiegelt. Allerdings wurde das ›Botanische Institut‹ im Jahr 2003, somit 137 Jahre nach seiner Gründung, in drei eigenständige kooperierende Institute aufgetrennt und einem Institut die Direktion der zuvor zusammengeführten »Botanischen Gärten der Universität« übergeben. Zum Schluss dieses historischen Abrisses soll daher in drei gesonderten Abschnitten die Entwicklung der jeweiligen thematischen Bereiche bis zur aktuellen Situation 2015/16 dargestellt werden.

Systematik und Biodiversität (seit 2002/03: Botanische Gärten und Nees-Institut)

In wechselnder Geschäftsführung des Botanischen Instituts und Gartens konnten die beiden Direktoren SIEVERS und BETZ seit 1972/73 die Gartengestaltung in Zusammenwirken mit dem Blütenentwicklungs-Experten LEINS einem neu bestellten Leitungssteam anvertrauen: als Garteninspektor dem ehemaligen Obergärtner **Heinz NETTEKOVEN (1926–1985)** und als Kustos dem in Bonn promovierten Assistenten und Akademischen Oberrat **Klaus KRAMER (*1940)**. Insbesondere musste 1979–1984 die gesamte Gewächshausanlage von 1926 erneuert werden, auf den alten Grundmauern leicht vergrößert, aber im gleichen historischen Stil. Als LEINS 1983 auf den Heidelberger Lehrstuhl für »Systematische Botanik und Pflanzengeographie« berufen wurde, schrieben Fachgruppe und Fakultät seine Stelle (nach Tausch mit der Stelle des emeritierten Protozoologen SCHOLTYSECK) als C4-Professur für »Systematische Botanik« aus und gewannen hierfür den C3-Professor am gleichnamigen Institut der Berliner Freien Universität, **Wilhelm BARTHLOTT (*1946)**, welcher 1985 zum (nun wieder einzigen) Direktor des Botanischen Gartens ernannt wurde. Nach Promotion 1973 bei Werner RAUH in Heidelberg über »Systematik und Biogeographie epiphytischer Kakteen« hatte er schon als Assistent die beiden Themenbereiche seines späteren Lebenswerks gefunden: biogeographische Tropenökologie (mit Exkursionen nach Südamerika und Afrika) sowie Raster-Elektronenmikroskopie zur systematischen Struktur- und Funktions-Analyse pflanzlicher Grenzflächen, auch zunächst von Pollenkörnern, dann von Blatt-Oberflächen, deren Adhäsionsreduktion mittels geeigneter Wachsstrukturen er 1977 erstmalig nachweisen konnte (der später so benannte ›Lotus-Effekt‹, siehe unten).

Abb. 75: **Wilhelm Barthlott (*1946)** – Pflanzensystematiker und Biodiversitätsforscher, von 1985 bis zu seiner Emeritierung 2011 Direktor des Botanischen Gartens bzw. ab 2002 der zusammengelegten ›Botanischen Gärten‹ der Universität Bonn, 2003 auch Gründungsdirektor des aus dem Botanischen Institut ausgegliederten ›Nees-Instituts für Biodiversitätsforschung der Pflanzen‹, weiterhin Leiter der Abteilung für Biodiversität und Bionik [Foto 2007 © W. Barthlott, Lotus-Salvinia.de]

In Bonn ließ Barthlott nach Einstellung des neuen technischen Gartenleiters **Robert Krapp (1936–2005)** und des neuen Kustos **Wolfram Lobin (*1951)**, bei seiner Pensionierung 2016 Akademischer Direktor, durch Unterstützung seitens der GEFFRUB 1988 das Schauhaus für fleischfressende Pflanzen errichten sowie nach Bleibeverhandlungen 1992 die ›Biotopanlage‹ mit Moor und Trockenrasen. Inzwischen erfolgte die Vernetzung des Gartens mit allen Botanischen Gärten Deutschlands und 1989 die Gründung des nun über 25 Jahre bestehenden ›Freundeskreises‹. Dessen erster Vorsitzender wurde ein Enkel von Sir Dietrich Brandis, nämlich der Bonner Orchideen-Sammler und Ordinarius für Medizinische Mikrobiologie Henning Brandis. Forschungsprojekte mit wachsendem Mitarbeiterstab ermöglichten Barthlott ab 1994 die Patentierung von selbstreinigenden biomimetischen Oberflächen gemäß des ›Lotus-Effekts‹, welchen er ab 1992 mit seinem Schüler, dem Gärtner und Botaniker **Christoph Neinhuis (*1962)**, systematisch analysierte. Ebenfalls 1994 gelang ihm zwecks Unterrichts-Entlastung und zur Betreuung der Biologie-Lehrerausbildung die Einstellung des Duisburger Bryologen **Jan-Peter Frahm (1944–2014)** als apl. Professor, welcher zusammen mit dem 1995 habilitierten Botanik-Assistenten und durch seine extensive Mitarbeit im Rheinland-Pfälzischen Ruanda-Projekt bekannten Systematiker und Ökologen **Eberhard Fischer (*1961)** einen viel beachteten »Exkursions-Führer« in die Bonner Umgebung geschrieben hat (zu Letzterem siehe auch das Kapitel ›Beziehung zu anderen Wissenschaftsbereichen‹).

Abb. 76: **Wolfram Lobin** (*1951) – Kustos des Botanischen Gartens und Akademischer Rat bzw. bei seiner Entpflichtung 2016 Akademischer Direktor [Foto 2016 © W. Lobin]

Als Nachfolger von Krapp übernahm die technische Gartenleitung 1999 **Markus Radscheit** (*1970), der im Bonner Garten sowie in den Londoner Kew Gardens ausgebildet worden war (dorthin auch 2012–2016 beurlaubt) und sich unermüdlich für eine effektive Öffentlichkeitsarbeit des Botanischen Gartens einsetzte. Dieser ›Schlossgarten‹ wurde auf Initiative Barthlotts 2002 mit dem etwas jüngeren ›Nutzpflanzengarten‹ der Landwirtschaftlichen Fakultät zur Zentralen Betriebseinheit *»Botanische Gärten der Universität Bonn«* zusammengelegt (wozu seit 2014 auch der ehemalige Garten des Instituts für pharmazeutische Biologie gehört). Die übergreifende Direktion wurde dem 2003 durch Aufteilung des Botanischen Instituts gebildeten, von Barthlott geleiteten »Nees-Institut für Biodiversität der Pflanzen« zugeordnet, das den Namen des einstigen Gründers C. G. Nees aufgegriffen hat und weiter im alten Institutsgebäude verblieben ist.

In Kooperation mit anderen Instituten wurde ein Graduiertenkolleg für den verstärkten Forschungsbereich ›Bionik‹ gebildet und 2007 das erste Patent für Schiffsbodenschutz mit Luftpolster erlangt, welches vom Salvinia-Schwimmfarn abgeleitet ist. Im gleichen Jahr wurde nach Planungen von Barthlott und Lobin das ›System‹ vollständig erneuert, gemäß der historisch überlieferten Symmetrie des Schloss-Parterre und entsprechend dem aktuellen Kenntnisstand von Verwandtschaften mithilfe genetischer Marker. Zu diesem Arbeitsbereich wurde eine W2-Professur für »Molekulare Phylogenetik und Evolution« am Nees-Institut ausgeschrieben und 2008 mit dem bei Frahm promovierten und bei Neinhuis an der TU Dresden habilitierten **Dietmar Quandt** (*1972) passend besetzt, der unter anderem mit computergestützten Methoden eine neue Abteilung ›Molekulare Systematik‹ aufgebaut hat.

Abb. 77: Im Botanischen Garten zeigt **Barthlott** (rechts) ein im Altbestand des Gartens wiederentdecktes Exemplar des in der Natur (auf den Osterinseln) ausgestorbenen **Toromiro-Baumes** – der Zoologe **Bleckmann** (links) hält eines der weltweit letzten Präparate der **Wandertaube**, die in Millionen Exemplaren Nordamerika bevölkerte und um 1900 ausstarb, aus der zoologischen Sammlung im Poppelsdorfer Schloss, das im Hintergrund zu sehen ist. [Foto 1999 © W. Barthlott, Lotus-Salvinia.de]

Abb. 78: **Dietmar Quandt (*1972)** – seit 2008 Professor für Botanik am Nees-Institut, Leiter der dortigen Abteilung Molekulare Systematik [Portrait aus der Broschüre ›Biologie in Bonn 2010‹ © D. Quandt]

Daneben besteht derzeit am Nees-Institut noch die von Barthlott auch nach seiner Emeritierung 2011 weitergeführte Abteilung ›Biodiversität und Bionik‹ sowie die Stammabteilung ›Systematik und Blütenökologie‹ des neu berufenen

C4-Professors und Gartendirektors **Maximilian Weigend** (***1969**), welcher sich 2005 als Assistent am gleichen Berliner Institut wie Barthlott habilitiert hatte und vorher in München mit einer viel beachteten Dissertation über Blumennesselgewächse in Südamerika promoviert worden war. Bis zum Universitätsjubiläum will er eine angemessene Gestaltung des Schloss-Vorplatzes mit neuem Garteneingang durch die Einfahrt des ehemaligen Tierhauses durchgeführt wissen sowie eine Gesamtkonzeption für alle botanischen Sammlungen in beiden Gärten, insbesondere für den erweiterten Freibereich des Nutzpflanzengartens auf dem neuen Gelände des ›Campus Poppelsdorf‹ und für das geplante große Nutzpflanzen-Schauhaus. Nach Sanierung des Poppelsdorfer Schlossweihers 2013 mit neu angelegter Fontäne ist bereits eine Neubepflanzung der Weiherböschungen sowie eine Neugestaltung des Arboretums erfolgt.

Abb. 79: **Maximilian Weigend** (***1969**) – Pflanzensystematiker und Ökologe, seit 2011 Direktor der Botanischen Gärten und Professor am Nees-Institut für Biodiversitätsforschung der Pflanzen, Leiter der Abteilung für Systematik und Blütenökologie [Foto 2013 von *Volker Lammert (Bonn)*, © M. Weigend]

Bioregulation, Molekulare Biochemie, Physiologie und Biotechnologie (seit 2003: IMBIO)

Betz hatte sämtliche Assistenten seiner Abteilung ›Bioregulation‹ aus Braunschweig mitgebracht. Sie alle wurden in den fast 20 Jahren seines Wirkens zu Professoren befördert: der 1971 im Fach »Mikrobiologie« habilitierte Dozent **Milan Höfer** (***1936**) sowie **Klaus Brinkmann** (**1936–2000**), **Arnold Schwartz** (***1937**) und **Jörn-Ullrich Becker** (***1940**). Hiermit wurde das originäre Forschungsfeld der Stoffwechsel-Regulation beträchtlich intensiviert und erweitert (siehe auch den nächsten Abschnitt). Während Betz zusätzlich biochemische Netzwerke in autotrophen Algen untersuchte, vertraten SCHWARTZ (C2-Professor 1982) und BECKER (apl. Professor 1985) die Enzymologie. Außerdem bearbeitete der 1973 aus Tübingen gekommene und später als Hauskustos des ›Soennecken‹-Gebäudes fungierende Akademischen Rat **Wolfgang HACHTEL (*1940)**, ab 1989 apl. Professor, die molekulare Genetik von Plastiden sowie den Stickstoff-Metabolismus von Algen und höheren Pflanzen.

Abb. 80: **Herbert BÖHME (1944–2003)** – Biochemiker und Pflanzenphysiologe, in der Nachfolge BETZ C4-Professor am Botanischen Institut von 1989 bis zu seiner krankheitsbedingten Entpflichtung im Jahr 2000, Leiter der Abteilung Molekulare Biochemie [Foto *Frau Roswitha Böhme (Bonn)*]

Nach BETZ' Emeritierung im Jahr 1985 genehmigte die Fakultät ihm für mehrere Semester die Vertretung seiner eigenen Professur, vor allem zur weiteren Durchführung des Blockkurses ›Stoffwechselphysiologie‹, dann übernahm diese Funktion KLÄMBT, bevor schließlich 1989 der Biochemiker und Pflanzenphysiologe **Herbert BÖHME (1944–2003)** aus Konstanz berufen werden konnte. Dort hatte er nach Promotion in Göttingen seit 1973 als Assistent und C2-Professor über ›Bioenergetik der Photosynthese‹ gearbeitet und von zwei mehrjährigen Forschungsaufenthalten in den USA neuere biophysikalische und chemische Methoden der Cytochrom-Untersuchung mitgebracht. Ausgehend von seinen Resultaten über Teilschritte der Elektronentransportkette untersuchte er in seiner nun »Molekulare Biochemie« benannten Abteilung des Botanischen Instituts sowie im von ihm mitinitiierten Forscherverbund CYANOFIX insbesondere die Rolle der Ferrodoxine bei der Stickstoff-Fixierung in Cyanobakterien. Die schon seit Jahrzehnten geplante Errichtung des ›Biozentrums I‹ hat BÖHME wesentlich vorangetrieben, er konnte sich aber am Einzug seiner Abteilung in das 1999 vollendete Gebäude (Karlrobert-Kreiten-Str. 13, siehe Abb. 98) wegen Erkrankung nicht mehr aktiv beteiligen und wurde 2000 vorzeitig entpflichtet. Die Leitung der Abteilung, in der seine Schüler die Untersuchungen zur Wasserstoffproduktion von Cyanobakterien und Algen zunächst fortsetzen konnten, übernahm HACHTEL für drei Jahre. Der bei diesem 2002 habilitierte Thomas HAPPE (*1963) konnte 2003 eine C3-Professur für »Photobiotechnolgie« an der Ruhr-Universität Bochum antreten.

Abb. 81: **Dorothea BARTELS (*1951)** – Molekulargenetikerin und Pflanzenphysiologin, 1997–2001 C3-Professorin am Botanischen Institut und Leiterin einer Abteilung Molekularbiologie der Pflanzen, wiederum seit 2003 C4-Professorin in der Nachfolge BÖHME und Gründungsdirektorin des Instituts für molekulare Physiologie und Biotechnologie (IMBIO) [Foto 2016 *Pressestelle Universität Bonn*, © D. Bartels]

1997 war KLÄMBT nach mehr als 30-jähriger Lehr- und Forschungstätigkeit entpflichtet worden, während der er neben seinen Arbeiten zur Wachstumsregulation (Funktion von Pflanzenhormonen, insbesondere von Auxin) auch deren Anwendungen untersucht und sich allgemein für eine anwendungsorientierte Biologie eingesetzt hatte. Als langjähriger Delegierter und auch Vorsitzender des ›Mathematisch-Naturwissenschaftlichen Fakultätentages‹ war er hochschulpolitisch engagiert, weitsichtiger Experte in allen Struktur- und Raumfragen der Fachgruppe Biologie und stark in der Lehrerausbildung aktiv. Seine Nachfolge als C3-Professorin für »Molekulargenetik und Physiologie der Pflanzen« trat die vorher am Kölner MPI für Züchtungsforschung tätige molekulare Pflanzenchemikerin **Dorothea BARTELS (*1951)** an. Ihre Abteilung »Molekularbiologie« baute sie im ›Soennecken‹ komplett neu auf als methodisch breit ausgestattetes gentechnischen Labor zur Fortsetzung ihrer Forschungen über Toleranz-Mechanismen bei Trockenstress, insbesondere bei der »Wiederauferstehungspflanze«, sowie über die regulierende Rolle des Pflanzenhormons Abszisinsäure. Nach zweijähriger Übernahme einer Professur in Amsterdam wurde sie zum April 2003 auf die BÖHME-Nachfolgeprofessur für »Biochemie und Physiologie der Pflanzen« berufen und leitet nun die Abteilung ›Molekulare Physiologie‹ im neugegründeten »Institut für molekulare Physiologie und Biotechnologie (IMBIO)«. Dieses Institut war zustande gekommen durch Überwechslung einer Abteilung der Landwirtschaftliche Botanik im ›Biozentrum I‹ (Karlrobert-Kreiten-Straße 13), welche seit 1986 von der C4-Professorin **Heide Schnabl (*1941)** geleitet worden war und nun unter dem Titel ›Biotechnologie‹ in der Mathematisch-Naturwissenschaftlichen Fakultät angesiedelt wurde. Arbeitsgebiet war die Regulation der Stomata-Bewegungen sowie die Protoplasten-Fusion verschiedener Helianthus-Arten und die Regeneration von Hybriden.

Abb. 82: **Peter Dörmann (*1965)** – Biochemiker, seit 2008 Professor am IMBIO und Leiter einer Abteilung für Biotechnologie und Biochemie (im Biozentrum Karlrobert-Kreiten-Str.) [Foto *Dagmar Möwes (Bornheim)*, © P. Dörmann]

Als Nachfolger von Frau Schnabl wurde 2008 der Biochemiker **Peter Dörmann (*1965)** zum Leiter der erweiterten Abteilung ›Biotechnologie/Biochemie‹ (in den Räumen des Biozentrums, Karlrobert-Kreiten-Str. 13) berufen, der schon vorher am Potsdamer MPI für Molekulare Pflanzenphysiologie eine Arbeitsgruppe über Pflanzenlipide aufgebaut hatte und in Bonn nun die Biosynthese und Funktion von Galaktolipiden und Antioxidantien in Chloroplast-Membranen untersucht. Am Institut wirkt auch die 1993 habilitierte Akademische Rätin **Margot Schulz (*1953)** mit ihrer Arbeitsgruppe ›Pflanzliche Biochemie und molekulare Allelopathie‹, welche über bioaktive Sekundarstoffe verschiedener Getreidearten und deren regulative Wirkungen forscht.

Zytologie und Gravitationsbiologie, Bioenergetik, Ökophysiologie, Theoretische Biologie und Molekulare Evolution (seit 2003: IZMB)

Der Titel »Zellpolarität und Geotropismus« von Sievers' Antrittsvorlesung im Herbst 1973 kennzeichnet das über Jahrzehnte weitergeführte Bonner Forschungsprogramm seiner damaligen Abteilung ›Cytologie‹, welche mit Hilfe jeweils modernster mikroskopischer und sensorischer Apparaturen die zytologischen Strukturen und physiologischen Mechanismen der durch Schwerkraft induzierten Reiz- und Reaktionsketten (also »Graviperzeption und -response« als neueingeführtem Begriff) beim Spitzenwachstum von Wurzeln und Trieben untersuchte, zunächst in der Grünalge Chara, dann auch in anderen Pflanzensystemen. Zentrale Entdeckung war die mechanisch-chemische Funktion des Aktomyosin-Systems als übermittelnder Regulator der Membran-Ionenströme und Zellwandgenese bis hin zum differentiellen Flankenwachstum. Mit kontinuierlicher Assistenz von **Brigitte Buchen (*1944)** wurden hierzu verschiedenste Experimente *in situ* und vor allem unter Mikrogravitation (Klinostat) oder bei Schwerelosigkeit (Parabelflug, D1-Spacelab) durchgeführt und ausgewertet. Richtungsweisende Mitarbeiter hierbei waren der über viele Jahre am Institut gastierende Botaniker **Zygmunt Hejnowicz (*1929)** aus Katowice (Polen) mit seinen präzisen Messungen und Theorien zur mechanischen und elektromagnetischen Regulation des Gewebewachstums sowie der 1981 habilitierte Akademische Oberrat **Dieter Volkmann (*1941)**, welcher im Rahmen seiner Tätigkeit als ›Weltraumbiologe‹ 1986 zum apl. Professor ernannt wurde und auch für die Lehre entsprechende Seminare und Kurse anbot. Sievers selbst leitete von 1989 bis zu seiner Emeritierung 1996 das Exzellenzzentrum AGRAVIS und den Beirat »Forschung unter Weltraumbedingung« der Deutschen Raumfahrtagentur DARA. Auch danach setzte er seine Forschungs-, Publikations- und Herausgebertätigkeit fort, ab 2003 im Rahmen einer Arbeitsgruppe »Gravitationsbiologie« im IMBIO, welche von seinem 1999 habilitierten Schüler **Markus Braun (*1964)** im ›Soennecken‹-Gebäude weitergeführt wurde.

Abb. 83: **Milan Höfer (*1936)** – Chemiker, Mikrobiologe und Pflanzenphysiologe, ab 1971 Privatdozent, dann ab 1973 apl. Professor am Botanischen Institut, bis zu seiner Entpflichtung 2001 Leiter einer Abteilung für Bioenergetik [Portrait-Foto *Viktor Höfer (Köln)*, © M. Höfer]

Parallel waren in den 1970er Jahren aus der dort wirkenden Betz-Schule zwei neue Abteilungsleiter hervorgegangen: Nach Hartmanns Wechsel zum Institut für Pharmazeutische Biologie an der TU Braunschweig übernahm der seit 1973 als apl. Professor wirkende Dozent Milan Höfer Ende 1976 dessen Abteilung unter der neuen Bezeichnung ›Bioenergetik‹ und für den entpflichteten FISCHER ging die Leitung seiner Abteilung ›Experimentelle Ökologie‹ 1977 über an den Wissenschaftlichen Rat und Professor BRINKMANN. Milan HÖFER hatte nach Chemie- und Mikrobiologie-Studium an der Prager Karlsuniversität bzw. Wissenschafts-Akademie bis zur offiziellen Promotion 1966 am dortigen mikrobiologischen Institut im Labor für Zellmembran-Transport über mobile Monosaccharid-Carrier gearbeitet und seine Forschungen in Braunschweig und Bonn fortgesetzt, insbesondere über generelle Fragen des Ionen-Nährstoff-Symports sowie über Kalium-Transport und Resistenzeffekte nach Antibiotika-Stimulation. Mit seinem Mitarbeiter und späteren Industriegründer **Udo HÖLKER (*1964)** widmete er sich ab den 1990er Jahren der mikrobiellen Kohleverflüssigung und etablierte nach seiner Entpflichtung 2001 eine Arbeitsgruppe »Molecular Bioenergetics« zur Systembiologie der Kanal- und Rezeptorexpression in Hefe sowie der Kationen-Homöostase im Rahmen der SysMO-Initiative.

Abb. 84: **Klaus BRINKMANN (1936–2000)** – Pflanzenphysiologe und Ökologe, ab 1976 Privatdozent, dann 1977 (apl.) Professor am Botanischen Institut und Leiter einer Abteilung für Experimentelle Ökologie, Mitwirkung beim Studienschwerpunkt Ökologie und Umwelt [Foto ca. 1990 *Edith Geithmann, Botan. Institut*, Universitätsarchiv Bonn]

Klaus BRINKMANN hatte nach Promotion 1966 in Tübingen bei Erwin BÜNNING über »Circadiane Rhythmik« sein originäres Arbeitsgebiet ›Photoperiodismus‹ als Assistent zusammen mit BETZ erst in Braunschweig, nach einem USA-Aufenthalt dann in Bonn weiter ausgebaut und sich 1976 mit einer Antrittsvorlesung über »Biologische Zeitmessung« habilitiert, ein Thema, dessen insbesondere auch mathematische Behandlung BETZ und ihn gleichermaßen interessierte. Innerhalb einer gleichnamigen Arbeitsgruppe, aus der dann seine Abteilung ›Experimentelle Ökologie‹ mit einem Assistenten erwuchs, entwickelte er diffizile Versuchsapparaturen zur Untersuchung des circadianen Bewegungsverhaltens einzelliger Algen sowie angemessene statistische Analyseprogramme und Modelltheorien zu entscheidenden Fragen der Phasenkopplung und der Temperatur-Kompensation, wozu er sogar einige (damals gebraucht erhältliche) Analog-Rechner benutzte. Als Mitarbeiter an diesen Themen habilitierte sich 1984 sein Schüler **Wolfgang Martin (*1949)** im Fach »Biometrie und Signaltheorie«, nachdem er schon seit 1976 bei der Lehre in biologischer Statistik und ›Kybernetik‹ mitgewirkt hatte. Auch Brinkmanns zweites Arbeitsgebiet der Baumökologie und Baumschäden-Forschung, wozu passend er Ende der 1980er Jahre gemeinsam mit dem Zoologen Kneitz den fachübergreifenden Studienschwerpunkt »Ökologie und Umwelt« initiierte, führte ihn zu allgemeinen Theorien und dynamischen Modellen für ›Ökosysteme‹ sowie zu seinem Interesse für Wissenschaftsgeschichte und -philosophie.

Abb. 85: **Wolfgang Alt (*1947)** – Angewandter Mathematiker und biologischer Systemtheoretiker, von 1986 bis zur Entpflichtung 2012 C3-Professor der Theoretischen Biologie, Leiter einer gleichnamigen Abteilung am Botanischen Institut [Foto 2007 © *W. Alt*]

In diesem Zusammenhang plädierte Brinkmann für eine allgemein stärkere Beachtung der ›Kybernetik‹ und Benutzung ihrer technischen wie biologisch-modellierenden Regelkreise. In Fachgruppe und Fakultät setzte er sich ab 1984 für die Schaffung einer Professur in »Theoretischer Biologie« zwecks Entwicklung physikalisch-mathematischer Methoden zur Modellierung und Analyse biologischer Systeme ein. Hierzu stand die im Rahmen der Leins-Nachfolge durch Tausch mit einer Zoologie-Stelle freigewordene C3-Professur zur Diskussion; nach Kontroversen innerhalb der Fachgruppe Biologie und dadurch drohendem Einbehalt seitens des Ministeriums wurde die Professur schließlich 1985 von der Fakultät entsprechend ausgeschrieben, allerdings mit paritätischer Kommissions-Besetzung seitens der Fachgruppen Biologie und Mathematik-Informatik. Berufen wurde dann zum August 1986 der Privatdozent für Angewandte Mathematik in Heidelberg, **Wolfgang Alt (*1947)**, der mit seinem Forschungsgebiet ›Modellierung und Simulation biologischer Bewegungssysteme‹ im ›Soennecken‹-Gebäude eine interdisziplinäre ›Abteilung Theoretische Biologie‹ aufbaute, formell also die siebte Abteilung im Botanischen Institut. Allerdings war die Arbeitsgruppe aus Biologen, Mathematikern und Physikern über Sonderforschungsbereiche und andere Kooperationen sowie durch das »Bonner Biomathematische Kolloquium« bzw. das spätere »Kolloquium Komplexe Systeme« fakultätsübergreifend mit verschiedenen Instituten verbunden: so der Angewandten Mathematik, der Dermatologie und Mikrobiologie sowie der Zellphysiologie und Zellbiologie. Hieraus gingen etliche Promotionen und Habilitationen im Fach ›Theoretische Biologie‹ hervor, welches inzwischen in das heutige Promotionsfach »Computational Life Sciences« aufgegangen ist: genannt seien der heutige Systembiologie-Professor und Biotechnologie-Institutsleiter in Jülich, Wolfgang WIECHERT (*1960, habil. 1996), und der Leiter der Dresdener TU-Abteilung für Innovative Rechnermethoden, Andreas DEUTSCH (*1960, habil. 1999). Die über 25-jährige Forschungs- und Lehrtätigkeit behandelte mathematische Modelle der Aktomyosin-Dynamik, Zellplasma-Strömung, kooperativen Zellbewegung bei Myxobakterien oder in mikrobiellen Biofilmen sowie der Sensomotorik bei Such- und Schwarmbewegungen. Mit der Entpflichtung von ALT ist die Abteilung »Theoretische Biologie« 2012 ausgelaufen.

Abb. 86: **Diedrik MENZEL (*1949)** – Pflanzenphysiologe und Zellbiologe, von 1996 bis zu seiner Entpflichtung 2014 C4-Professor am Botanischen Institut bzw. am IZMB, Leiter einer Abteilung Zellbiologie der Pflanzen [Foto 2014 *Ken Yokawa, IZMB*, © D. Menzel]

Als Nachfolger SIEVERS' wurde Ende 1996 der ehemalige Gruppenleiter am MPI für Zellbiologie in Ladenburg und Botanik-Dozent in Heidelberg, **Diedrik MENZEL (*1949)**, berufen, der über Cytoskelett-Struktur und -Dynamik sowie zelluläre Morphogenese von Algen, insbesondere *Acetabularia*, gearbeitet hatte. Seine nun im ›Soennecken‹ aufgebaute Abteilung ›Zellbiologie der Pflanzen‹

richtete die insbesondere video-mikroskopisch arbeitende Forschung und Lehre auf die Lokalisierung von Aktin-Filamenten, Motor-Proteinen und Vesikeln bei der Endo- und Exocytose von Zellwandstoffen, bei einer möglichen Signaltransduktion über spezielle Zell-Zell-Kanäle sowie bei der Gleitbewegung von Diatomeen, womit verschiedene Thematiken der bisherigen Pflanzenzellforschung am Botanischen Institut weiterhin fortgesetzt wurden.

Besonders setzte sich MENZEL für eine konsequente Planung und Durchführung von Um- und Ausbaumaßnahmen im ›Soennecken»-Gebäude ein, in effektivem Zusammenwirken mit dem für Sicherheitsfragen zuständigen Leiter der Elektronik/Mechatronik-Werkstatt, **Paul BLASCZYK (*1949)**, welcher diese 1971 unter BETZ eingerichtet und weit über das Haus hinaus in den Dienst gestellt hatte. MENZEL erweiterte auch die eigene Abteilung um Räume für Mikroskopie und Bildverarbeitung sowie zum Aufbau einer zusätzlichen Arbeitsgruppe »Cytoskeleton-Membrane Interactions« durch VOLKMANN und den 1999 habilitierten ›Pflanzenneurobiologen‹ **Františ̌ek BALUŠKA (*1957)**. Dort werden Arbeiten zur Graviperzeption, Zellplattenbildung und Membran-Rezyklierung ergänzt durch Untersuchungen und Theorien zu nervenähnlichen Signal- und Informationsverarbeitungen in Pflanzengeweben, wobei diese Thematik inzwischen auch von einer mit-initiierten Gesellschaft und Zeitschrift »Plant Signaling and Behavior« betrieben, aber kontrovers diskutiert wird.

Abb. 87: **Lukas SCHREIBER (*1963)** – Pflanzenphysiologe und Ökologe, seit 2001 C3-Professor am Botanischen Institut bzw. am IZMB, Leiter einer Abteilung für Ökophysiologie [Portrait-Foto © L. Schreiber]

Nach Unfall und frühem Tod BRINKMANNS wurde dessen C3-Professur 2001 wieder mit einem Ökophysiologen besetzt, **Lukas SCHREIBER (*1963)**, der bei M. RIEDERER in Würzburg habilitiert und dort die altersabhängige Funktionsgüte kutikulärer und endodermaler Transport-Barrieren von Blatt- bzw. Wurzel-Oberflächen bearbeitet hatte. Seither führt er diese chemisch-physiologische Forschungsrichtung innerhalb seiner Abteilung ›Ökophysiologie‹ weiter. Hierbei werden die Transport-Analysen durch molekular-biologische Untersuchungen ergänzt, etwa zur Biosynthese von Suberin in der Wurzel-Dermis oder von Wachs und Kutin in der Blatt-Kutikula, sowie durch Erforschung von ökologischen Wechselwirkungen mit Mikroorganismen auf Blatt-Oberflächen.

Die nach der Entpflichtung von HÖFER 2001 freie C3-Professur wurde zwecks Ergänzung innerhalb der bestehenden Bonner Botanik für das Arbeitsgebiet der strukturellen und funktionellen Genomanalyse ausgeschrieben und Anfang 2003 dem Ulmer Privatdozenten und Molekulargenetiker **Volker KNOOP (*1963)** übergeben, der hier eine substantiell neue Abteilung ›Molekulare Evolution‹ einrichtete. Seitdem setzt er seine Forschungen über komplexe pflanzlichen Mitochondrien-DNA und ihrer Phylogenie bei den frühen Landpflanzen fort. Insbesondere interessiert die Entstehung der bei Algen nicht vorkommenden post-transkriptionellen Modifikation, der RNA-Edition, bei gewissen Moosen sowie die pflanzlichen Genfamilien der Magnesium-Transporter im Gänsekraut *Arabidopsis.* In den Jahren 2008–2013 wurde die molekulargenetische Richtung ergänzt durch eine Nachwuchsforschergruppe »Plant Molecular Engineering« des vorher in London tätigen angewandten Botanikers **Bekir ÜLKER (*1967)** mit seinen gentechnologischen Projekten zur DNA-Modifikation etwa im pflanzenpathogenen *Agrobacterium.*

Abb. 88: **Volker KNOOP (*1963)** – Molekularer Pflanzengenetiker, seit 2003 C3-Professor am Botanischen Institut bzw. am IZMB, Leiter einer Abteilung Molekulare Evolution [Portrait-Foto © V. Knoop]

Seit 2003 wirken die drei genannten botanischen Abteilungen im neugebildeten »Institut für Zelluläre und Molekulare Botanik« zusammen, so insbesondere durch Federführung bei der Gründung des Fachgruppen-übergreifenden Bonner Master-Programms »Plant Sciences« zum WS 2008–09. Das im Frühjahr 2014 angelaufene Berufungsverfahren auf die C4-Professur »Zellbiologie der Pflanzen« in der Nachfolge MENZEL ist inzwischen durch die Berufung von Frau

Ute Vothknecht von der LMU München erfolgreich abgeschlossen worden. Im Rahmen einer möglichen Restrukturierung der Fachgruppe Biologie ist jedoch die Zusammenführung dieses botanischen Instituts mit den gleichfalls molekular- und zellbiologisch ausgerichteten Instituten für Genetik und Zellbiologie zu einer umfassenden Einrichtung ins Gespräch gebracht worden, welche etwa die Bezeichnung »*Institut für Zelluläre und Molekulare Biologie*« tragen könnte. Allemal ist für die nächsten Jahre der Umzug der letztgenannten Institute in das derzeitig wieder einmal (und damit wahrscheinlich endgültig) als Institutsgebäude der Universität renovierte Gebäude der ehemaligen Soennecken-Fabrik geplant.

Abb. 89: Der emeritierte Prof. **Augustin Betz** und der jahrzehntlange Leiter der Elektronik/Mechatronik-Werkstatt **Paul Blasczyk** bei einer Ausstellung im Jahr 1996 zur historischen Jubiläumsfeier »100 Jahre ›Soennecken‹ in der Kirschallee«. Beide haben beim Ausbau und Erhalt des ehemaligen Industriegebäudes als geräumiges und vielseitiges Institutsgebäude der Universität eine wesentliche Rolle gespielt. [Foto *W. Alt*, Archiv Poppelsdorfer Heimatmuseum]

Entwicklung der Genetik

Wolfgang Alt

In Deutschland waren schon während des ersten Weltkrieges und verstärkt danach Forschungsinstitute und Lehrstühle für ›Vererbungslehre‹ bzw. ›Genetik‹ gegründet worden. Wie auch an etlichen anderen Orten entstand dieses Fachgebiet in Bonn zunächst innerhalb der Landwirtschaftlichen (damals noch eigenständigen) Hochschule: 1930 erhielt im dortigen *Institut für Landwirtschaftliche Botanik* unter Max KOERNICKE der in der folgenden NS-Zeit aktive Sojazüchtungs-Forscher Wilhelm RIEDE eine außerplanmäßige Professur für Botanik und bot seitdem regelmäßig Vorlesungen über »Pflanzenzüchtung« und »Vererbungslehre« an, seit 1934 im Rahmen der neugebildeten Landwirtschaftlichen Fakultät. Auch nach dem Kriege setzte er seine Lehrtätigkeit bis zur Entpflichtung 1956 fort. Zu seiner Nachfolge wurde vom neuen Institutsdirektor Hermann ULLRICH eine entsprechende ›Diätendozentur‹ geschaffen, zwar ohne eigenen Etat, dafür aber mit guten Arbeitsmöglichkeiten in sechs Institutsräumen (Katzenburgweg 3) inklusive eines Gartenhauses (Katzenburgweg 11), siehe hierzu auch (Weiß 2013).

Auf diese Diätendozentur wurde 1957 **Max Werner GOTTSCHALK (1920–2013)** aus Marienberg im Erzgebirge bestellt, welcher nach einer Offiziers-Ausbildung während des Krieges schließlich mit erfolgreichem Nachkriegs-Stipendium 1946 das Studium der Botanik, Zoologie und Chemie an der Universität Freiburg aufnehmen konnte und vom dortigen Botaniker und Cytochemiker Friedrich OEHLKERS 1950/51 gleich promoviert wurde. Seine Dissertation über »Chromosomenstruktur von Tomaten und strahlungsinduzierte Mutationen« ermöglichte ihm den Berufsweg in die damals noch neue ›Pflanzengenetik‹, und zwar als Assistent zweier bekannter Pflanzenzüchter an jeweiligen landwirtschaftlichen Instituten: bei Otto TURNAU in Göttingen und bei Arnold SCHEIBE in Gießen, wo er sich 1953 für das Fach ›Botanik‹ mit einer Arbeit über Chromosomenstrukturen bei Nachtschattengewächsen habilitierte, also genau im Jahr der folgenreichen DNS-Entschlüsselung. SCHEIBE selbst hatte vom Gießener MPI für Züchtungsforschung aus schon in den Jahren 1951–1953 einen Lehrauftrag für Pflanzenzüchtung am Bonner Landwirtschaftlichen Institut für Boden- und Pflanzenbaulehre wahrgenommen (offensichtlich parallel zur Lehrtätigkeit RIEDES!). Hierdurch konnte es GOTTSCHALK ab 1957 innerhalb der Landwirtschaftlichen Fakultät schnell gelingen, seine Forschungsgebiete ›Mutationsgenetik‹ und ›Evolution‹ sowohl in der Lehre als auch bei Züchtungsversuchen ›im Felde‹ aufzubauen und mit Hilfe von DFG-Stipendien erste Dissertationen zu initiieren, teilweise auch in Kollaboration mit der Medizinischen Fakultät. 1960 erhielt er eine außerplanmäßige Professur, 1963 wurde er Mitglied des sechs Jahre zuvor gegründeten Wissenschaftsrates und 1964 erschien seine erste wegweisende Monographie »Die Wirkung mutierter Gene auf die Morphologie und Funktion pflanzlicher Organe«.

Während des soweit beschriebenen Zeitraums war die Genetik-Lehre auch von Biologen der Mathematisch-Naturwissenschaftlichen Fakultät angeboten worden: vor 1945 als gängige Pflichtveranstaltung »Vererbungslehre für Naturwissenschaftler und Mediziner«, ab 1949/50 durch einen Lehrauftrag an den emeritierten Botanik-Ordinarius FITTING, der schließlich im Wintersemester 1953/54 auch einmal »Populationsgenetik« las (siehe Kapitel ›Botanik‹), sowie durch den 1949 als neuer Ordinarius für ›Zoologie und Vererbungslehre‹ bestellten DANNEEL, welcher ab 1951 regelmäßig Vorlesungen und Praktika über »Abstammungs- und Vererbungslehre« oder »Probleme der Genetik und Entwicklungsphysiologie« hielt (siehe Kapitel ›Zoologie‹). Dieser wurde 1963/64 erster Vorsitzender der neu gebildeten Fachgruppe Biologie und als solcher leitete er auch die Berufungsverhandlungen zu einer Ende 1962 auf seine Initiative hin von der Fakultät ausgeschriebenen neuen Ordinariats-Stelle für ›Genetik‹. Für diese war schon im Vorjahr ein eigener Institutsbau auf dem im Planungsstadium befindlichen ›Campus Endenich‹ angesetzt worden. Unter den sich bewerbenden Botanikern (Mikrobiologen waren wegen der gleichzeitigen Ausschreibung einer entsprechenden Professur ausgefiltert worden, siehe Kapitel ›Mikrobiologie‹) war neben dem von der Fachgruppe Biologie favorisierten Werner GOTTSCHALK aus der Landwirtschaftlichen Botanik (siehe oben) auch Diter VON WETTSTEIN aus Copenhagen, der wegen seiner dortigen exquisiten Position im Vergleich zu den für ihn unklaren Entwicklungs-Bedingungen der Bonner Biologie seine Bewerbung dann aber doch zurückzog. Insbesondere hatte er die unzureichenden Planungen für ein fachübergreifendes Biologie-Zentrum kritisiert. So verzögerte sich das Berufungsverfahren, so dass schließlich Ende 1964 der Ruf auf die ordentliche Professur für Genetik an Max Werner GOTTSCHALK (1920–2013) erging, welcher sein Verbleiben in Bonn einem parallel an ihn ergangenen Ruf nach Mainz vorzog.

Abb. 90: **Werner Gottschalk (1920–2013)** – ab 1957 Dozent für Genetik in der Landwirtschaftlichen Botanik, dann 1965 Gründungsdirektor des Instituts für Genetik, welches er bis zu seiner Emeritierung 1985 leitete [Fotoausschnitt von einem Institutsfest 2009, Bildersammlung *Dr. Gisela Wolff, Institut für Genetik*]

Das somit Anfang 1965 gegründete *Institut für Genetik* – als viertes biologisches Institut nach denen für Zoologie, Botanik und Pharmakognosie – konnte allerdings von Gottschalk zunächst nur in seinen bisherigen Räumen am Katzenburgweg eröffnet werden, bevor es zwei Jahre später in die Kurfürstenstraße 74 einzog. In einem dortigen ehemaligen Verbindungshaus, das die Universität 1961 für das Meteorologische Institut erworben hatte (welches 1966 einen Neubau ›auf dem Hügel‹ in Endenich erhielt), standen zwar 12 kleine Zimmer zur Verfügung, aber verteilt auf 3 Stockwerke – und die Toilette befand sich im Keller. Bei wachsender Mitarbeiterzahl und mit realisiertem Ruf an die ›Internationale Atomenergiekommission‹ in Wien drängte Gottschalk auf den ihm zugesagten Instituts-Neubau. Dieser wurde nach Ortstermin einer Kommission mit Rektor, Kanzler, Vertretern dreier Ministerien und Staatshochbauamt zwar als dringend notwendig erachtet, gleichzeitig jedoch zurückgestellt wegen mangelnder Finanzierung und unter Verweis auf den geplanten Neubau eines umfassenden Biologie-Zentrums. Schließlich fand 1972 der Umzug des Instituts für Genetik statt, jedoch ins ›provisorisch‹ vom Land NRW erworbene ehemalige ›Soennecken‹-Gebäude, welches seit 1970 vor allem für den zweiten Botanik-Ordinarius Betz ausgebaut worden war (siehe Kapitel ›Botanik‹). Auf der dritten Etage, im ehemaligen Chef-Trakt der bis 1967 dort produzierenden ›Soennecken‹-Fabrik, fand Werner Gottschalk mit seinen Mitarbeitern und einer stattlichen Bibliothek hinreichend Raum, den er kontinuierlich auch ins darüber liegende Geschoss ausdehnen konnte.

Zum Wintersemester 1966–67 hatte Gottschalk ein »Genetisches Praktikum« eingerichtet, zunächst mit dem Danneel-Mitarbeiter Ernst Lubnow, welcher schon 10 Jahre zuvor über »Genetik des Menschen bzw. der Primaten« gelesen hatte, sowie eine ›Gemeinschaftsvorlesung mit Diskussion‹ über das Thema »Gedanken zur Evolution« zusammen mit dem Paläontologie-Kollegen H. K. ERBEN, dem Ende 1964 berufenen Humangenetiker H. WEICKER und drei weiteren Kollegen. Gleichzeitig begründete er ein »Biologisches Dozenten-Kolloquium (für alle biologisch interessierten Wissenschaftler und Studenten)«, aus welchem zum Wintersemester 1969–70 unter der Rubrik ›Allgemeine Biologie‹ das bis heute gehaltene »Biologische Kolloquium« entstand. Damals wurde dieses vom Genetiker GOTTSCHALK, dem Zoologen WEISSENFELS und dem Botaniker WILLENBRINK gemeinsam organisiert.

Abb. 91: **Hermann Peter MÜLLER (1931–1992)** – ab 1966 Kustos am Institut für Genetik und von 1976 bis zu seinem Tode als Wissenschaftlicher Rat und Professor Leiter einer eigenen Abteilung für Biochemische Genetik der höheren Pflanzen [Foto ca. 1972 *Paulus Belling (Poststr. 30)*, Universitätsarchiv Bonn]

Als Kustos des Instituts mit der zusätzlichen Aufgabe, die genphysiologischen und molekulargenetischen Teile des Praktikums zu betreuen, wurde im Februar 1966 der am Bonner Landwirtschaftlichen Institut für Pflanzenkrankheiten 1961 bei B. STILLE promovierte Botaniker und Mikrobiologe **Hermann Peter MÜLLER (1931–1992)** bestellt, der seine in Jülich (am Institut für Forstpflanzenkrankheiten) begonnenen Forschungen über Katalase-Aktivität bei Mutanten von *Acetobacter* und Probleme der Strahlenresistenz von Mikroorganismen nun fortsetzte und sich im Folgejahr für ›Genetik‹ habilitierte. Nach dem Institutsumzug ins ›Soennecken‹-Gebäude erhielt er 1973 eine außerplanmäßige Professur (vormals Stelle SIEVERS in der Botanik) und konnte ab Ende 1976 als Wissenschaftlicher Rat und Professor dort eine eigene *Abteilung für Biochemische Genetik der höheren Pflanzen* aufbauen.

Abb. 92: **Hans-Jörg Jacobsen (*1949)** – Assistent, Privatdozent sowie ab 1987 C2-Professor für ›Somatische Zellgenetik höherer Pflanzen‹; seit 1991 tätig am Institut für Pflanzengenetik in Hannover [Passfoto ca. 1990 © H.-J. Jacobsen]

Schon 1971 hatte Gottschalk als zweiten Assistenten (neben Dieter Klein) seinen Schüler **Hans-Dietrich Quednau (*1940)** eingestellt, welcher sich 1979 im neu aufgekommenen Fach ›Biometrie‹ habilitierte, um die Statistik- und Mathematik-Ausbildung der Bonner Biologie-Studierenden zu übernehmen; er wurde 1982 apl. Professor und wechselte 1985 als Extraordinarius für ›Biometrie und Angewandte Informatik‹ an die TU München. H. P. Müller, wie auch schon Gottschalk der ›quantitativen Genetik‹ zugeneigt, organisierte zunächst gemeinsam mit ihm, dann ab 1985 alleine die Blockübung »Experimente zur Genphysiologie – biologische Datenverarbeitung« sowie eine Vorlesung über »Regulation der Genaktivität«. Im selben Jahr habilitierte sich der nachfolgende Assistent **Hans-Jörg Jacobsen (*1949)** im Fach ›Somatische Zellgenetik höherer Pflanzen‹ und beteiligte sich zusammen mit H. P. Müller an der Biologie-Ausbildung für Mediziner. Ab 1987 bot er als C2-Professor auf Zeit die Blockübung »Pflanzliche Zell- und Gewebekultur« an sowie eine Vorlesung über »Gentechnologie in der Pflanzenzüchtung«, bevor er 1991 an das Institut für Pflanzengenetik der Universität Hannover berufen wurde.

Gottschalk hatte gemeinsam mit seinen Mitarbeitern und der Akademischen Rätin **Gisela Wolff (*1943)** neben der ›cytologischen Evolutionsforschung‹ das Forschungsgebiets der ›Genökologie‹ etabliert: mittels eines hierzu angeschafften Phytotrons konnten Außenbedingungen für die differenzierte Ausprägung von Genmutanten getestet werden. Zur Datensammlung für die Erweiterung der institutseigenen Genbank, welche schon 1965 mit knapp 600 mutierten Genen eine der reichhaltigsten Sammlungen Europas darstellte, wurden Versuche auf den landwirtschaftlichen Versuchsfeldern durchgeführt sowie in den vom Botanik-Kollegen Schumacher zur Verfügung gestellten Gewächshäusern in der ›Außenstelle Melb‹ des Botanischen Gartens, die erst nach GOTTSCHALKS Emeritierung 1985 vom Botanischen Institut selbst genutzt wurden.

Während sich die Nachfolge-Besetzung der dann ausgeschriebenen C4-Professur für »*Molekulare Genetik*« über ein Jahr hinzog, wurde die Institutsleitung von Hermann P. MÜLLER vertreten, dessen Abteilung *Biochemische Genetik* bis zu seinem plötzlichen Tode 1992 im ›Soennecken‹ weiter bestand. Dort wirkte auch sein Schüler **Hans-Werner INGENSIEP (*1953)**, den er 1983 mit einer Dissertation über Phytohormone promovierte und der bis 1993 als Lehrbeauftragter (in Kooperation mit dem Philosophischen Seminar A) fachübergreifende Seminare und Vorlesungen zur Philosophie der Biologie anbot, welche später im Rahmen der ›Theoretischen Biologie‹ wieder aufgegriffen wurden, und zwar von Wolfgang ALT, der ab 1986 die Koordination der Mathematik-Ausbildung von Biologen übernommen hatte (siehe Kapitel ›Botanik‹).

Abb. 93: **Klaus WILLECKE (*1940)** – ab 1986 C4-Professor und zweiter Direktor des Instituts für Genetik, welches er im Gebäude der ehemaligen Pädagogischen Hochschule (Römerstr. 164) etabliert hatte; seit seiner Entpflichtung 2008 ›Seniorprofessor‹ für Genetik am LIMES-Institut [Foto ca. 2010 *Frau Eva-Maria Willecke*, © K. Willecke]

Nach intensiven Verhandlungen über eine Neuausstattung des Instituts zwecks genetisch-zellbiologischer Forschung mit transgenen Mäusen, und zwar durch grundlegenden Umbau einer Etage der ehemaligen Biologie-Didaktik-Räume in der Römerstraße 164, nahm Ende 1986 der Biochemiker und Genetiker **Klaus WILLECKE (*1940)** seine Berufung als neuer Direktor des Instituts für Genetik an. Er hatte nach Studium der Chemie in Kiel und München seine Diplomarbeit und Dissertation beim Enzymbiochemie-Nobelpreisträger Feodor LYNEN am dortigen MPI für Zellchemie angefertigt und nach Promotion 1968 für drei Jahre an der Princeton University und später für etwa ein Jahr an der Yale University in New Haven geforscht. Dabei untersuchte er jeweils molekulare Transport- und Lipid-Eigenschaften an *Bacillus subtilis* bzw. Methoden der somatischen Zellgenetik zur Charakterisierung humaner Gene durch Chromosomen-Transfer in

Mauszellen. Mit diesem Arbeitsgebiet habilitierte er sich 1976 im Fach ›Genetik‹ als Nachwuchswissenschaftler am Genetik-Institut der Universität Köln, worauf er als C3-Professor an das Institut für Zellbiologie und Tumorforschung der Universität Essen berufen wurde. Von dort brachte er neben den Mauszell-Transfer-Techniken für humane Onkogene zur zellbiologischen Differenzierung von Normal- und Tumorzellen auch ein anschließend in Bonn weiter ausgebautes Forschungsthema mit: die Biochemie und Zellbiologie von Gap-Junction-Proteinen, sogenannter ›Connexine‹. Einen seiner hierüber in Essen arbeitenden Post-Doktoranden konnte er ebenfalls mitbringen, nämlich den 1979 in Stuttgart promovierten Genetiker **Otto Traub (*1946)**, der Antikörper gegen Connexine entwickelt hatte, sich nun im Fach ›Zell- und Molekulargenetik‹ habilitierte (zunächst 1989 in Essen, dann 1995 in Bonn) und als Privatdozent bis zu seiner Pensionierung Ende 2009 in der *Abteilung Molekulargenetik* mitwirkte. Eine seiner Aufgaben war die Biologie-Ausbildung der Mediziner, ab 1995 auch zusammen mit dem vom DKFZ in Heidelberg gekommenen genetischen Zellbiologen **Thomas Magin (*1955)**, der über regulative Funktionen von Keratinen arbeitete und sich 1998 in ›Molekulargenetik‹ habilitierte. 1996 war er wie auch der Biochemiker Konrad Sandhoff an der Gründung des *»Bonner Forums Biomedizin«* beteiligt, welches vom Zellbiologen Volker Herzog in Kooperation mit der Medizinischen Fakultät initiiert worden war. In die letztere wechselte Magin 2003 als Professor ans Institut für Physiologische Chemie und folgte schließlich 2014 einem Ruf zum Abteilungsleiter für ›Zell- und Entwicklungsbiologie‹ an der Universität Leipzig.

Abb. 94: **Karl Heinz Scheidtmann (*1944)** – von 1990 bis 2009 C3-Professor für Molekulargenetik am Institut für Genetik in der Römerstraße [Foto aus der Broschüre ›Biologie in Bonn 2010‹ © K. H. Scheidtmann]

Im Jahr 1987 war eine C3-Fiebiger-Professur für ›Molekulargetik/Gentechnologie‹ genehmigt worden, auf welche schließlich Anfang 1990 der Molekulargenetiker **Karl Heinz Scheidtmann (*1944)** aus Freiburg ans Institut für Genetik in der Römerstraße kam. Er hatte nach Goldschmiede-Lehre und Abend-Gymnasium in Köln sein Biologie-Studium 1978 mit einer Promotion im Fach ›Virologie/Genetik‹ abgeschlossen und war dann an die Universität Freiburg gegangen, wo er nach seiner Habilitation 1984 in ›Zell- und Molekulargenetik‹

als Privatdozent und Heisenberg-Stipendiat tätig war. Auf seinem Forschungsgebiet der regulativen Protein-Phosphorylierung untersuchte er vor allem das Tumorantigen des Affenvirus SV40 und die im Zellkern lokalisierte ZIP-Kinase mit deren Regulation von Transkription, Apoptose und Zytokinese. Bis zu seiner Entpflichtung im September 2009 führte er neben anderem auch die Genetik-Ausbildung für Mediziner durch.

Schon 2002 war aus dem Zoologischen Institut der Sprecher des Graduiertenkollegs ›Funktionelle Proteindomänen‹ Norbert Koch (*1950), siehe auch Kapitel ›Zoologie‹, mit seiner *Abteilung für Immunbiologie* zum Institut für Genetik übergewechselt, in welchem er – mit weiterlaufender Lehrverpflichtung für die Fachgruppe ›Molekulare Biomedizin‹ – seitdem verblieben ist und jüngst mit einem Forscherteam einen neuartigen HLA-Rezeptor zur verbesserten Immunabwehr entdeckt hat. Die das übrige Institut umfassende *Abteilung Molekulargenetik* leitete Willecke zusammen mit der nunmehrigen Akademischen Direktorin Gisela Wolff. Im Rahmen mehrerer SFBs und Forschergruppen wurden in dieser Abteilung Connexin-Gendefekte in Mäusen erzeugt oder durch entsprechenden Transfer von Patienten-Mutationen diverse ›Mausmodelle‹ für humane Erbkrankheiten wie Herz-Arrhythmien, Hörverluste oder Hautdefekte. Mit Hilfe neuer Mausmutanten wurden auch die neuronalen und glialen Funktionen der Connexine in Gehirn und Retina des Menschen ausgiebig erforscht. Nach seiner Entpflichtung 2008 konnte Willecke als ›Seniorprofessor‹ für Genetik gewonnen werden, wobei er im Rahmen des SFB 645 am LIMES-Institut sein Forschungsgebiet auf die Untersuchung von Schlüsselenzymen bei der Sphingolipid-Biosynthese erweitert hat.

Abb. 95: **Norbert Koch (*1950)** – seit 1990 C3-Professor für Immunbiologie, zunächst am Zoologischen Institut im Poppelsdorfer Schloss, dann ab 2002 am Institut für Genetik, jeweils mit eigener Abteilung für Immunbiologie [Foto © N. Koch]

Bei Ausrichtung der nachfolgenden W3-Professur ›Genetik‹ spielte die molekulare Genetik an Mausmodellen eine zentrale Rolle, welche aber »komplementär zu den Forschungsarbeiten des Instituts für Zellbiologie« sein sollte. Hieraus resultierte schließlich die Berufung und (zum Februar 2009) die Zusage des Biochemikers, molekularen Zellbiologen und Maus-Genetikers **Walter Witke (*1960)**. Er war nach seinem Biochemie-Studium in Tübingen 1991 bei Angelika Noegel am MPI für Biochemie Martinsried in der Abteilung von Günther Gerisch promoviert worden und arbeitete nach einer Post-Doktorandenzeit an der Harvard Medical School in Boston 1996 als Gruppenleiter und Mitbegründer des EMBL-Mausbiologie-Instituts in Monterotondo bei Rom. Dort zu einem der Direktoren avanciert, vertritt er nun hier in Bonn als Direktor des Instituts für Genetik ein Forschungsgebiet, das sich auf die Rolle des Aktin-Zytoskeletts bei Morphogenese, Zellmigration und Organphysiologie konzentriert. Durch die Analyse von Aktin-assoziierten Proteinen (wie etwa Cofilin und Profilin) berührt es sich eng mit verwandten Thematiken des derzeitigen Direktors des Instituts für Zellbiologie, Dieter Fürst (siehe Kapitel ›Zellbiologie‹).

Abb. 96: **Walter Witke (*1960)** – seit 2009 der dritte Direktor des Instituts für Genetik [Foto ca. 2014 *Michael Reinke, Institut für Genetik*, © W. Witke]

Ähnliches trifft zu für das Arbeitsgebiet des molekularen Zellbiologen **Klemens Rottner (*1970)**, der auf der W2-Nachfolgestelle Scheidtmann von Juni 2010 bis zum Jahr 2014 am Institut für Genetik wirkte und neben genetischen Methoden auch Techniken der Photomanipulation und Mikroinjektion sowie der Fluoreszenz-Videomikroskopie angewandt hat, um Regulation und Dynamik des Aktin-Zytoskeletts zu analysieren, dies insbesondere bei der Lamellipodien-Motilität und Zellbewegung sowie bei Endozytose und Pathogen-Wirtszell-Interaktion. Das Biologie-Studium in Salzburg hatte er 1999 mit einer Promotion am Institut für Molekularbiologie abgeschlossen und war dann Postdoktorand bzw. Forschungsgruppenleiter am Braunschweiger Helmholtz-Zentrum für Infektionsforschung (HZI, vormals GBF) gewesen. Nach vier Jahren interdisziplinärer Forschung und Lehre an der Universität Bonn leitet er nun die Abteilung *Molekulare Zellbiologie* an der TU Braunschweig.

Abb. 97: **Klemens Rottner (*1970)** – von 2010 bis 2014 Professor für das Arbeitsgebiet der zellulären Molekulargenetik am Institut für Genetik [Foto ca. 2014 *Milena Wozniczka, HZI Braunschweig*, © K. Rottner]

Rückblickend wird erkennbar, dass das Bonner Institut für Genetik innerhalb der 50-jährigen Spanne seines Bestehens durchgehend das Kernthema ›Mutationsforschung‹ als Forschungsschwerpunkt hatte – von der strahleninduzierten Pflanzengewebe-Mutation bis zur heutigen Technik der konditionalen Mutagenese in Mäusen und der Induktion gezielter Veränderungen, etwa bei der Zellbewegung in deren Organen – und gleichzeitig, sowohl theoretisch als auch experimentell, einen fachübergreifenden Ansatz verfolgte, um grundlegendes Verständnis der untersuchten physiologischen Prozesse durch die Anwendung sowohl biochemischer und zellbiologischer als auch genetischer Methoden erreichen zu können.

Ähnlich wie im Laufe des 20. Jahrhunderts die biochemischen Methoden in alle Teilgebiete der Biologie eingezogen waren, so sind seit Beginn des 21. Jahrhunderts dort auch die molekular-genetischen Methoden in allgemeinem Gebrauch. Dies hat neben anderem bewirkt, dass die heutige molekularbiologische Forschung durch starke thematische Verbünde diverser fachlicher Gruppen gekennzeichnet ist, welche von der DFG und etlichen internationalen Organisationen gefördert werden. Im Zuge dieser intensivierten Ausrichtung moderner biologischer Forschung an der Bonner Universität sind eine Reihe von fakultätsübergreifenden Sonderforschungsbereichen und lokalen sowie regionalen Zentren in Kooperation zwischen Biologen und Medizinern entstanden (wie etwa das Bonner Forum Biomedizin oder das LIMES-Institut), an denen das

Institut für Genetik zusammen mit dem Institut für Zellbiologie wesentlich beteiligt ist.

Abb. 98: Zusammen mit anderen biologischen Instituten und Abteilungen (wie des IMBIO und der Landwirtschaftlichen Fakultät) befindet sich das Institut für Genetik seit 2012 im 1999 fertiggestellten **Biologiezentrum** in der Karlrobert-Kreiten-Str.13 auf dem Campus Poppelsdorf und kann inzwischen auf sein 50-jähriges Bestehen zurückblicken. [Ausschnitt aus einem Round-View-Foto (Okt. 2009) *Google Map*]

›Zentral-Laboratorium für Angewandte Übermikroskopie‹ und die Entwicklung der Zellbiologie

Wolfgang Alt

Die ›Zellbiologie‹, als eigener Wissenschaftsbereich institutionalisiert erst zur Mitte des 20. Jahrhunderts im Wechselspiel mit Genetik und Biochemie, erforscht die Struktur und Funktion von Zellen als fundamentale Einheiten des Lebens, den Aufbau und das Zusammenwirken ihrer Organellen und die Interaktion der Zellen mit ihrer Umgebung. Sie erfasst damit das weite Spektrum von einzelligen Organismen bis zu komplexen Gewebe-Zellen in Pflanzen und Tieren.[3] Diese Forschungsrichtung hat an der Universität Bonn eine lange Tradition. Schon im ersten Jahrhundert ihrer Gründung waren dort entscheidende Beiträge zur Grundlegung der Zellforschung erfolgt, so vor allem in der Botanik Untersuchungen zur Zell- und Kernteilung durch HANSTEIN und STRASBURGER (siehe Kapitel ›Botanik‹), in der Anatomie die Charakterisierung des Protoplasmas durch Max SCHULTZE sowie in der Protozoologie das Studium von Einzellern durch Adolf BORGERT (siehe Kapitel ›Zoologie‹). Allerdings standen dann bis zur Mitte des 20. Jahrhunderts physiologische und biochemische Untersuchungen an Geweben und Organen im Blickfeld der Bonner biologischen Forschung.

Als 1949 der chemisch-genetisch orientierte Entwicklungsbiologe Rolf DANNEEL, der über Zell-Mutationen nach Gewebe-Bestrahlung arbeitete, Zoologie-Ordinarius wurde (siehe Kapitel ›Zoologie‹), wuchs bei Bonner Biologen und Medizinern sowie bei einigen, auf förderungsfähige Anwendung ihrer Strahlenforschung angewiesenen Physikern ein gemeinsames Interesse an zellbiologischer Grundlagenforschung, vor allem in Ausrichtung auf Krebsforschung und medizinische Krebsdiagnose bzw. -therapie. Zwischen 1949 und 1950 ergriffen im Zuge einer Wiederbesetzung der seit dem Kriegsende vakanten Direktorenstelle des 1923 gegründeten »Röntgenforschungsinstituts« (Rink 2003) die Mathematisch-Naturwissenschaftliche und die Medizinische Fakultät in wechselseitiger Übereinkunft mehrere Initiativen zur Einrichtung eines möglichen Ordinariats für ›Biophysik‹ bzw. eines erweiterten »Instituts für Zell-

3 Aus dem Einführungstext der Jahrestagung der Deutschen Gesellschaft für Zellbiologie (1988) in München, organisiert von V. HERZOG.

Forschung« oder »Zellphysiologie« mit Beteiligung der zoologischen und physikalischen Forschungsgruppen sowie mit der ›Röntgenforschung‹ als Unterabteilung. Vom Direktor des Tübinger (damals noch) Kaiser-Wilhelm-Instituts für Biochemie, DANNEELS Doktorvater Adolf BUTENANDT, wurde der in dessen Abteilung für Virusforschung als Biophysiker tätige Zoologe Hans FRIEDRICH-FRESKA vorgeschlagen und von den Fakultäten auf einer ›uno loco‹-Berufungsliste favorisiert. Jedoch scheiterten Mitte 1951 diese Planungen zu einem interfakultären Zell- und Krebsforschungsinstitut an finanziellen Rückzügen der ersten NRW-Regierung sowie an vermehrten Bedenken der nichtbiologischen Naturwissenschaftler in der Berufungs-Kommission, wobei insbesondere auf eine Berufungs-Präferenz des schon seit vier Jahren vakanten Physik-Ordinariats verwiesen wurde. Zwar begrüßte die MN-Fakultät Anfang 1953 den erneuten Versuch, aufgrund einer Stiftung des bekannten Bonner Dermatologen Erich HOFFMANN ein Max-Planck-Institut für »Naevus-, Zell- und Geschwulstforschung« in Bonn zu etablieren, im Laufe desselben Jahres kam es aber nach der Berufung des Experimentalphysikers Wolfgang PAUL zur Gründung eines eigenen »Instituts für Strahlen- und Kernphysik« unter Wolfgang RIEZLER, während das Röntgen-Forschungsinstitut schließlich 1954 von der Medizinischen Fakultät übernommen und dort später als »Institut für Biophysik« bzw. »Strahlenbiologie« (heute innerhalb der Radiologischen Klinik) weitergeführt wurde (Rink 2003).

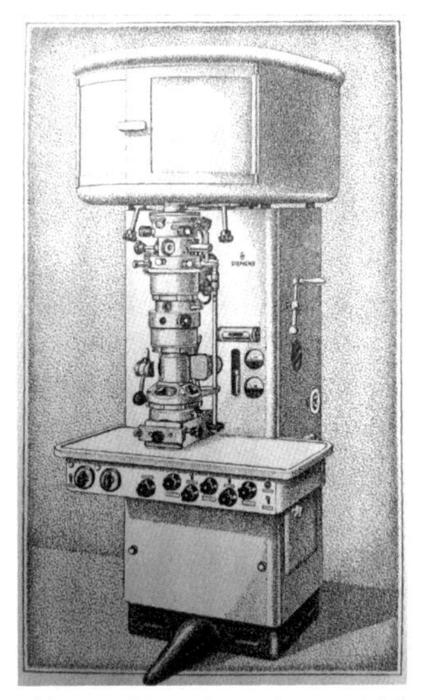

Abb. 99: Skizze eines **Siemens-Elektronenmikroskops vom Typ ÜM 100b**, das der Universität Bonn von der Firma Siemens & Halske zur Anschaffung im Jahr 1950 angeboten wurde [Ablichtung *W. Alt*, Akten der Math.-Nat. Fakultät, Universitätsarchiv Bonn]

Simultan mit dem Versuch der beiden Fakultäten zur Etablierung einer Krebsforschung an der Universität Bonn war es Ende 1950 im Zusammenwirken mit der Landwirtschaftlichen Fakultät als ›dritter im Bunde‹ zu einer weiteren Initiative gekommen: Gestützt auf ein Exposee des an der Neugründung der Bayer-Werke führend beteiligten Chemikers Ulrich HABERLAND wurde die Beschaffung des nächsten fertigwerdenden Siemens-Elektronenmikroskops vom Typ ÜM 100b und dessen Finanzierung (ca. 100.000 Mark) seitens der Notgemeinschaft Ende 1950 in Planung genommen (siehe Abb. 103), zusammen mit der Einrichtung eines dem Rektor unterstellten »Hilfsinstituts für Übermikroskopie« – beides sollte in enger Absprache mit dem Ende 1948 in Düsseldorf gegründeten »Rheinisch-Westfälischen Institut für Übermikroskopie« unter Leitung von Bodo VON BORRIES erfolgen, der zusammen mit Ernst RUSKA in den Jahren 1937–1945 die ersten deutschen Elektronenmikroskope in der Berliner Firma Siemens & Halske entwickelt hatte.

Ein solches »übermikroskopisches Laboratorium« sollte für mikromorphologische Untersuchungen allen interessierten Forschungsgebieten der beteiligten drei Fakultäten zur Verfügung stehen (wie Chemie, Mineralogie, Physik, Anatomie, Histologie, Bakteriologie, Virusforschung, Zoologie und Botanik). Nachdem jedoch die anvisierte Einbindung des Laboratoriums in ein Krebsforschungsinstitut durch den erwähnten Fakultäten-Streit unmöglich geworden war, wurde auch diese interfakultäre Initiative auf Eis gelegt. Zum Jahreswechsel 1952 beschlossen zwar die Mathematisch-Naturwissenschaftliche Fakultät und die Medizinische Fakultät jeweils getrennt die Anschaffung eines eigenen Elektronenmikroskops und die Landwirtschaftliche Fakultät erfragte Ende 1952 vom Düsseldorfer Institut sogar die Errichtung einer Zweigstelle in Bonn, damit die an der Übermikroskopie interessierten Forscher dieses neue Verfahren nutzen könnten, aber alles ohne greifbaren Erfolg.

Erst nach weiteren zwei Jahren, Ende 1954, kam es schließlich zur Gründung eines planmäßig ausgestatteten fakultätsübergreifenden »Zentral-Laboratoriums für Angewandte Übermikroskopie«, welches zum April 1955 im Zwischengeschoss des Poppelsdorfer Schlosses eröffnet wurde mit acht Räumen im Bereich des Zoologischen Instituts, dem es verwaltungstechnisch angegliedert war. Der von Rektor und Senat berufene Leiter wurde der 1951 in Münster promovierte Biologe **Karl-Ernst WOHLFARTH-BOTTERMANN (1923–1997)**, der am dortigen Hygiene-Institut in der Abteilung ›Elektromenmikroskopie‹ und danach in Braunschweig sowie schließlich am 1948 gegründeten ›Labor für Elektronenmikroskopie‹ des Stockholmer Karolinska-Instituts bei Fritiof SJÖSTRAND ausgebildet worden war und über die Ultrastruktur des Zytoplasmas gearbeitet hatte. In Bonn setzte er seine systematischen Untersuchungen zur Elektronen- und Phasenkontrast-Mikroskopie fort und habilitierte sich Ende 1956 als Privatdozent für »Cytologie und Mikromorphologie« an der Mathematisch-Naturwissenschaftlichen Fakultät. In Folge kündigte er unter dem Lehrgebiet Zoologie regelmäßig ein 5-stündiges Praktikum der Elektronenmikroskopie für Naturwissenschaftler und Mediziner an, eine zweisemestrige Vorlesung »Cytologie« sowie im Wintersemester jeweils ein »Elektronenmikroskopisches Colloquium«.

Abb. 100: **Karl-Ernst Wohlfarth-Bottermann (1923–1997)** – ab 1955 Leiter des neu eingerichteten Zentrallaboratoriums für Angewandte Übermikroskopie, 1956 Privatdozent für Cytologie und Mikromorphologie, seit 1962/63 apl. Professor und 1965 Ordinarius für Zellbiologie sowie 1966 Gründungsdirektor des Nachfolge-Institutes bis zu seiner Emeritierung 1988 [Portrait-Foto ca. 1956 *Paulus Belling (am Markt)*, Universitätsarchiv Bonn]

Schon innerhalb weniger Jahre erlangte das Laboratorium das Format eines kleinen Instituts mit zwei Assistenten (dem Mineralogen und Physiker Albrecht Maas sowie dem Biologen Lothar Schneider) und zwei Hilfskräften (Hans Komnick als Zoologe und H. Schuchardt als Chemiker). Vor der Senatskommission mit dem Vorsitzenden H. Kick (Agrikulturchemie) sowie A. Neuhaus (Kristallographie), Danneel und den beiden Parasitologen Lehmensick und G. Piekarski (jeweils Math.-Nat. bzw. Med. Fak.) berichtete Wohlfarth-Bottermann 1960 über die erfolgreiche Zusammenarbeit mit 14 Instituten und die Beschaffung eines dritten Elektronenmikroskops (Elmiskop I) durch die DFG. Die eigene durch das damalige Bundesminiterium für »Atomkernenergie und Wasserwirtschaft« aus Mitteln zur »Förderung der Strahlennutzung« finanzierte Projekt-Forschung erstreckte sich auf Veränderungen in der Feinstruktur von Zytoplasma, Mitochondrien und Vakuolen bei Einzellern (Ciliaten, Dinoflagellaten und Amöben). Deren Ergebnisse wurden in der Zeitschrift »Protoplasma« sowie in einer ersten Monographie »Zellstrukturen und ihre Bedeutung für die amöboide Bewegung« (1963) publiziert. Besonders intensiver Nutzer war auch das gastgebende Zoologische Institut, das unter DANNEEL mit Hilfe der gleichen Finanzierungsquellen über intrazelluläre Strukturen von Normal- und Tumorzellen bei Säugetier- und Vogelembryonen forschte. Die später selbständigen Mitarbeiter waren der Tierphysiologe und Strahlenbiologe Ernst WENDT, der Funktionsmorphologe Armin WESSING und der Entwicklungsbiologe Norbert WEIßENFELS (siehe das Kapitel ›Zoologie‹). Hierbei ist auch der spätere Parasitologie-Professor Erich SCHOLTYSECK zu erwähnen, der die dort vorher von Karl GRELL wiederaufgenommene protozoologische Forschung nun weiterführte; zusammen mit ihm führte WOHLFARTH-BOTTERMANN ab 1966 ein »Protozoologischen Praktikum« durch, in Ergänzung zum »Cytologischen Praktikum« in Kollaboration mit WEIßENFELS.

Abb. 101: **Institut für Cytologie und Mikromorphologie** – Rückansicht des im Sommer 1966 fertiggestellten Gebäudes auf dem entstehenden ›Campus Endenich‹ [Foto 1966/67 vom damaligen Studenten *Rolf Stiemerling (Bonn)*]

Nach Ernennung zum apl. Professor bzw. Wissenschaftlichen Rat (1962/63) konnte WOHLFARTH-BOTTERMANN die Planungen für einen Instituts-Neubau an der Gartenstraße 61a (heute Ulrich-Haberland-Straße) auf dem damals entstehenden ›Campus Endenich‹ konkretisieren. Dort eröffnete er als erster ordentlicher Zellbiologie-Professor in Deutschland (seit 1965) nach zweijähriger Bauzeit zum Juli 1966 das »Institut für Cytologie und Mikromorphologie« gemeinsam mit dem Kustos Albrecht MAAS, den beiden Assistenten Hans KOMNICK und Wilhelm STOCKEM sowie mit inzwischen vier Elektronen-Mikroskopen. Schon 1963 auf dem ersten Internationalen Kongress über Zellbewegung in Princeton hatte WOHLFARTH-BOTTERMANN die wesentlichen Resultate seines nunmehrigen Forschungs-Schwerpunktes vorgestellt, nämlich den experimentellen Nachweis der dynamischen Orientierung von Aktin-Faserbündeln und der isometrischen Krafterzeugung durch Sol-Gel-Transformation bei der periodischen Kontraktionsbewegung des Schleimpilzes *Physarum polycephalum*, deren Qantifizierung er ab 1970 mit empfindlichen Tensiometern auch an sogenannten »Zellmodellen« verbesserte. Er wirkte 1969 mit bei der Initiierung der »*Cytobiologie. Zeitschrift für experimentelle Zellforschung*« als Organ der Deutschen Gesellschaft für Elektronenmikroskopie, deren Präsident er drei Jahre zuvor gewesen war. Auch nach der 1979 erfolgten Umbenennung in »European Journal of Cell Biology« blieb er deren Mitherausgeber. Seit 1975 war sie ebenfalls das Organ der von ihm mitgegründeten »Deutschen Gesellschaft für Zellbiologie«, deren Vizepräsident er 1977–1981 war. Nach Ablauf des von ihm mit geleiteten DFG-Forschungsschwerpunkt »Zytoskelett« von 1983 bis 1988 wurde er emeritiert, blieb aber bis zu seinem Tode aktiver Teilnehmer an zellbiologischen Kongressen und Workshops. Die in drei Jahrzehnten ausgeformte Zellforschungsthematik wurde von einigen seiner über 20 Doktoranden weitergeführt, während die tensiometrischen Apparate noch eine gute Zeit lang im Botanischen Institut vom dortigen Gastwissenschaftler Zygmunt HEIJNOWICZ für Spannungsmessungen in Pflanzengeweben verwendet wurden (siehe Kapitel ›Botanik‹).

Abb. 102: **Hans KOMNICK (1934–2002)** – ab 1963 Assistent am Zentral-Laboratorium, dann 1968 Privatdozent für Zoologie und seit 1971 (bzw. 1980 als Professor) Leiter der Instituts-Abteilung Cytochemie bis zu seiner Entpflichtung im Jahr 1999 [Foto ca. 1995 *Elisabeth Kraemer*, TA (heute am Nees-Institut)]

Hans KOMNICK (1934–2002), der 1960 bei DANNEEL mit einer histologischen Arbeit über Melanozyten in Xenopus-Larven promoviert worden war und seit 1963 als WOHLFARTH-BOTTERMANNS Assistent maßgeblich beim Institutsaufbau in Endenich mitgewirkt hatte, habilitierte sich 1968 in ›Zoologie‹ mit einer Arbeit über die Transportmorphologie von Salzdrüsen. Sein originäres Lehr- und Forschungsgebiet war die funktionelle Morphologie des Ionentransports vor allem in den Saumzellen des Insektendarms (Osmoregulation) und die von ihm entwickelte histochemische Methode der Ionenlokalisation im Elektronenmikroskop. Ab 1971 als Wissenschaftlicher Rat und (seit 1980 als C3-)Professor leitete er bis zu seiner Entpflichtung im Jahr 1999 eine eigene Abteilung ›Cytochemie‹ und führte ein angewandtes Blockpraktikum »Histologie« durch, mit bleibender Nachfrage.

Abb. 103: **Wilhelm Stockem (1938–1998)** – ab 1965 Assistent am Zentral-Laboratorium, 1970 Privatdozent und seit 1973 (bzw. 1980 als Professor) Leiter der Instituts-Abteilung Experimentelle Zellmorphologie bis zu seinem plötzlichen Tode [Foto ca. 1995 *Elisabeth Kraemer*, TA (heute am Nees-Institut)]

Wilhelm Stockem (1938–1998), der nach seiner histologisch-zellmorphologisch ausgerichteten Promotion in der Kölner Zoologie 1965 an das Bonner Zentral-Laboratorium gekommen war, beschritt dort mit etwa zweijährigem Versatz dieselben Stufen wie Komnick, wobei er sich stark für das reformierte Grundstudium in der neu eingerichteten Fachgruppe Biologie einsetzte, ab 1973 als Diätendozent und seit 1980 als C3-Professor mit einer Abteilung für ›Experimentelle Zellmorphologie‹. Mit seinem Arbeitsgebiet über Endozytose und Zytoskelett-Organisation bei Amöben und Schwammzellen ergänzte er das Forschungs-Spektrum der Bonner Zellbiologie und erwarb hierfür internationale Anerkennung. Zusammen mit seinen zahlreichen Doktoranden benutzte er auch die am Institut zunehmend angewandten und weiterentwickelten Techniken der Fluoreszenz-Mikroskopie sowie der Bildverarbeitung von Phasenkontrast-Bildern und -Videosequenzen (insbesondere betreut durch den Zeiss-Mitarbeiter Jörg Kukulies) bis zu seinem frühen Tode 1998.

Eine wesentliche Unterstützung für den Lehr- und Forschungsbetrieb des Instituts für Cytologie und Mikromorphologie erbrachte **Rolf Stiemerling (*1940)**, einer der ersten dortigen Promovenden, der ab 1969 Assistent und seit 1971 Akademischer (Ober-)Rat und Kustos war. Insbesondere betreute er die Laborarbeiten am ›azellulären‹ Schleimpilz *Physarum*, welchen er im Vorjahr der Emeritierung Wohlfarth-Bottermanns mit Hilfe von ›attraktiven‹ Haferflocken als Nährmittel auf ein Guinness-würdiges Flächenmaß von über 5 m^2 in Form eines großen ›W‹ auswachsen ließ.

Abb. 104: **Rolf Stiemerling (*1940)** – zunächst Assistent, dann als Akademischer Rat ab 1971 Kustos des Instituts für Cytologie und Mikromorphologie, später Akademischer Oberrat bis zu seiner Entpflichtung im Jahr 2005 [Ausschnitt aus einem Foto bei der Einweihung des neuen Kurssaals im April 1987 von *Ulrike Eva Klopp, Universitäts-Pressestelle Bonn*, Album Wohlfarth-Bottermann, © R. Stiemerling]

Zum Nachfolger und zweiten Institutsdirektor berief die Mathematisch-Naturwissenschaftliche Fakultät als C4-Professor für ›Zellbiologie‹ noch im Jahr 1988 den Mediziner und Biologen Dr. med. **Volker Herzog (*1939)** von der LMU München, der sich dort 1975 in Zellbiologie mit einer Arbeit über Enzym-Kompartimentierung in exokrinen Drüsen habilitiert hatte und 1982 als C2-Professor (seit 1980) kommissarischer Leiter des dortigen Instituts für Zellbiologie wurde. Dieses war 1971 vom Zytopathologen Fritz Miller in der Medizinischen Fakultät gegründet worden, nachdem dieser zehn Jahre zuvor am dortigen Pathologischen Institut eine ›Abteilung für Elektronenmikroskopie‹ aufgebaut hatte. Bei ihm war Herzog nach Abschluss seines Marburger Medizin- und Biologie-Studiums (1966 mit medizinischem Staatsexamen und Promotion am Anatomischen Institut) seit 1968 Wissenschaftlicher Assistent und hatte seine experimentellen Forschungen über Enzymaktivitäten in Leukozyten und in verschiedenen Speichel-, Tränen- und Schilddrüsen begonnen. Hieraus entwickelte er nach mehrjährigen Auslandsaufenthalten (Harvard Medical School in Boston, Yale University in New Haven) seine weiteren Forschungs-Schwerpunkte: Mechanismen der Protein-Sekretion, -Endozytose und -Transport sowie post-translationale Modifikation sekretorischer Proteine und Membrankonstituenten unter Betonung der Bedeutung zellbiologischer Grundlagenforschung für die klinische Medizin.

Abb. 105: **Volker Herzog (*1939)** – ab 1989 Ordinarius und Direktor des umstrukturierten Instituts für Zellbiologie auf dem Campus Endenich sowie Leiter einer neu aufgebauten Abteilung für Molekulare Zellbiologie; auch nach seiner Emeritierung im Jahre 2005 setzt er seine Forschungsarbeiten fort [Foto ca. 2000 *Elisabeth Kraemer*, TA (heute am Nees-Institut)]

Nach seinem Dienstantritt im Februar 1989 gestaltete Herzog die Gebäude- und Laborstrukturen um zu einem technisch modernisierten »Institut für Zellbiologie« und etablierte im Obergeschoss seine eigene Abteilung für ›Molekulare Zellbiologie‹. Als Chefredakteur des ›Journal of European Cell Biology‹ intensivierte er in- und auswärtige Kooperationen, wurde 1990–92 Präsident der Deutsche Gesellschaft für Zellbiologie und auch Senator der Universität (bis 2004). Insbesondere initiierte er zusammen mit dem Privatdozenten Hans-Wilhelm Kaiser vom klinischen Institut für Dermatologie 1966 in Kooperation der Mathematisch-Naturwissenschaftlichen und Medizinischen Fakultät die Gründung des »*Bonner Forums Biomedizin*« zur Erforschung von epithel-zellulären Erkrankungen, dessen Sprecher er bis 2003 blieb. Als Teilprojektleiter wirkte er 1991–2002 im wiederum drei Fakultäten übergreifenden SFB 284 über Glykokonjugate und Zell-Kontaktstrukturen. Das eine Thema war »Protein-Multimerisierung und -Degradation im endoplasmatischen Reticulum«, welches er zusammen mit der seit 1989 als Assistentin in der Abteilung Stockem wirkenden **Klaudia Brix (*1962)** bearbeitete; nach ihrer Habilitation 1997 über Protein-Degradation bei der Zellbewegung erweiterte sie ihre Forschung über proteolytische Enzyme und wurde 2002 als Professorin an die Internationale Universität Bremen berufen, während das Thema des Teilprojekts Anton Schmitz übernahm (Habilitation 2005).

Im zweiten Teilprojekt sowie im Rahmen eines DFG-Schwerpunktes »Zelluläre Grundlagen der Alzheimer-Krankheit« konnte Herzog (als Initiator und Sprecher des Schwerpunktes) die mannigfachen Funktionen des Alzheimer-Vorläuferproteins weitgehend aufklären: etwa als Regulator der Apoptose (Habilitation von Peter Lemansky 1996) oder als motogener Wachstumsfaktor bei epidermalen Melanozyten. Über letzere habilitierte sich 1998 Claus PIETRZIK, welcher 2003 einen Ruf als C3-Professor an die Universität Mainz erhielt. Hierzu ergänzend gründete HERZOG 2000 die DFG-Forschergruppe »Keratinozyten – Proliferation und differenzierte Leistungen der Epidermis«, die er bis ein Jahr über seine Emeritierung 2005 hinaus leitete und worin er insbesondere das Thema ›Adhäsion und Migration von Keratinozyten‹ in mehr als sechs Promotionen ausgiebig behandelte. Insbesondere die hierbei benutzte quantitative Bildverarbeitung wurde in einer Kollaboration mit der Abteilung ›Theoretische Biologie‹ (siehe Kapitel ›Botanik‹) weiterentwickelt. An dieser Thematik wirkte vor allem **Gregor KIRFEL (*1966)** mit, der nach seiner Promotion bei STOCKEM über cytoskeletale Motorproteine in Schwamm-Epithelzellen seit 1997 Wissenschaftlicher Mitarbeiter des Instituts war, seit Beginn 2005 eine Kustodenstelle ausfüllt und sich im selben Jahr für Zellbiologie habilitiert hat mit einer Arbeit über »Regulation und Mechanismen der Migration und Motilität epidermaler Zellen«.

Abb. 106: **Gregor KIRFEL (*1966)** – seit 1997 Wissenschaftlicher Mitarbeiter am Institut für Zellbiologie und dort in Nachfolge von R. STIEMERLING seit 2005 Kustos sowie Privatdozent [Foto ca. 1998 *Elisabeth Kraemer*, TA (heute am Nees-Institut)]

Bis heute (2015) hat Volker HERZOG seine interdisziplinär ausgerichtete Forschungs- und Publikationstätigkeit fortgesetzt, zum Beispiel über Themen wie die Genese des Vogelgesangs, epigenetische Aspekte der organismischen Regulation oder über das ›Ur-Thema‹ der Lebensentstehung und Zellevolution, wozu 2010 unter seiner Federführung ein Buch erschienen ist (Herzog 2000), dessen Titelseite Abb. 107 zeigt.

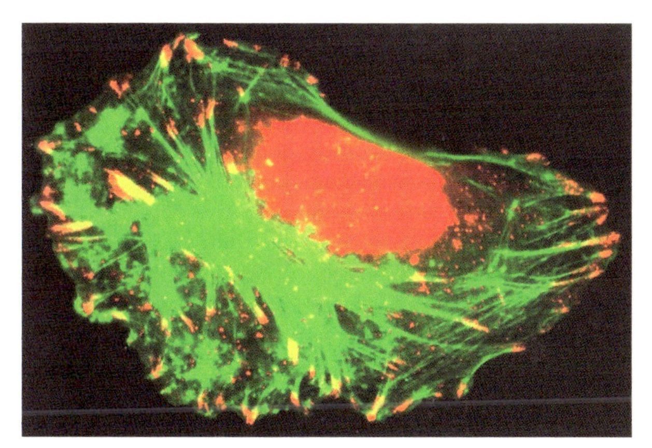

Abb. 107: **Wandernde Epithelzelle** – Keratinozyte mit angefärbten inneren Molekülstrukturen [Fluoreszenz-mikroskopische Aufnahme *V. Herzog / B. Born*, Titelbild des Buches »Lebensentstehung und künstliches Leben« von Alt, Eibach, Herzog, Schleim und Schütz (Herzog 2010)]

Im Jahr 2003 wurde die Nachfolge HERZOG als Direktor des Instituts für Zellbiologie durch Berufung auf eine C4-Professur für »Molekulare Zellbiologie« geregelt, welche 2004 der Zellbiologe und Biochemiker **Dieter O. FÜRST (*1959)** von der Universität Postdam erhielt. Einige Jahre zuvor waren auch die Berufungen auf die beiden C3-Professoren für molekulare Zellbiologie in der Nachfolge KOMNICK und STOCKEM abgeschlossen: Im ersten Fall konnte 2000 der Zellbiologe und Arbeitsgruppenleiter am MPI für Biochemie in Martinsried, **Jörg HÖHFELD (*1964)**, gewonnen werden; nach seiner Promotion an der Universität Bochum 1992 war er am dortigen Institut für Physiologische Chemie und am ZMBH in Heidelberg tätig gewesen, wo er sich 1998 habilitierte. Im zweiten Fall konnte die Fachgruppe Biologie Anfang 2001 die Besetzung der C3-Professur durch den Mikro- und Zellbiologen **Albert HAAS (*1960)** aus Würzburg erreichen.

Alle drei Professoren der Molekularen Zellbiologie sind Mitglieder im »Bonner Forum Biomedizin« sowie auch Zweitmitglieder in der Fachgruppe ›Molekulare Biomedizin‹, was die vielfältigen medizinischen Anwendungsmöglichkeiten und die molekulargenetischen Methoden ihrer Forschungsgebiete widerspiegelt. Jörg HÖHFELD erforscht die Qualitätskontrolle der Zelle durch sogenannte ›Chaperone‹, welche falsch gefaltete Proteine erkennen und entweder reparieren oder der zellulären Entsorgung zuführen; aus Erkenntnissen über die Regulation solcher Chaperone (durch Co-Chaperone) könnten Therapieansätze zur Behandlung von Proteinaggregations-Erkrankungen wie Alzheimer, Mukoviszidose oder bestimmten Muskelerkrankungen folgen. Neueste Resultate erweisen etwa auch die Funktion von Chaperonen bei der dynamischen Homöostase von Proteinen (wie Filamin) im kontraktilen Apparat von Muskelzellen.

Abb. 108: **Jörg Höhfeld (*1964)** – seit 2000 Professor am Institut für Zellbiologie mit einer Arbeitsgruppe über Proteinstabilität, -Konformation und -Abbau [Foto ca. 2003 von *Elisabeth Kraemer*, TA (heute am Nees-Institut)]

Abb. 109: **Albert Haas (*1960)** – seit 2001 Professor am Institut für Zellbiologie mit einer Arbeitsgruppe über Molekulare Zellbiologie der Infektion [Foto ca. 2001 *Jens Wohlmann, Institut für Zellbiologie*, © A. Haas]

Albert Haas führt seine zellbiologischen Forschungsarbeiten im Rahmen der SFBs 645 (Bonn) und 670 (Köln) über Membran-Protein-Wechselwirkungen und zellautonome Abwehr durch. Außerdem ist er Sprecher des DFG-Schwerpunktprogramms 1580 »Zellkompartimente als Orte der Pathogen-Wirt-Interaktion«, in welchem die ›Nischen‹ pathogener intrazellulärer Mikroorganismen (wie Bakterien, Hefen und Protisten) charakterisiert werden. Die Pathogene vermehren sich in verschiedenen Kompartimenten der Wirtszelle und verändern deren normale Phagosomenreifung. Hierzu evolvierte wechselseitige

Faktoren lassen sich mit Hilfe experimenteller Manipulationen beschreiben. Außerdem hat die Arbeitsgruppe ein zellfreies System zur biochemischen Analyse der Fusion zwischen Phagosomen und Endosomen/Lysosomen entwickelt, womit insbesondere die Entwicklung moderner Abwehrstrategien zur Bekämpfung von Krankheiten durch intrazelluläre Pathogene unterstützt werden kann.

Abb. 110: **Dieter Fürst (*1959)** – Molekular- und Zellbiologe, seit 2004 Direktor des Instituts für Zellbiologie mit einer Arbeitsgruppe über Molekulare Mechanismen der Muskeldifferenzierung [Foto 2004 von *Elisabeth Kraemer*, TA (heute am Nees-Institut)]

Der derzeitige geschäftsführende Instituts-Direktor Dieter Fürst hatte die Forschung auf dem Gebiet des Aktin-Zytoskeletts bereits im Rahmen seiner zoologischen Promotion 1986 beim Physiker Vic Small an der Universität Salzburg bzw. am Institut für Molekularbiologie der Östereichischen Akademie der Wissenschaften behandelt, nämlich in einer Arbeit über die »Funktion Aktin-bindender Proteine im glatten Muskel«. Zunächst als Postdoktorand und danach als Leiter einer Arbeitsgruppe am Göttinger MPI für Biophysikalische Chemie unter Klaus Weber trieb er die Charakterisierung von Titin (dem größten bis dato bekannten Protein) und den damit assoziierten Proteinen im quergestreiften Muskel voran, 1992–1997 auch als Projektleiter im DFG-Schwerpunktprogramm »Kontrollmechanismen der Entwicklung und Funktion des quergestreiften Muskels«. Von 1995–2004 forschte Fürst an der Universität Potsdam als C3-Professor für Zellbiologie (davon zwei Jahre als Geschäftsführender Leiter des Instituts für Biochemie und Biologie) an weiteren Proteinen des Zytoskeletts der Muskelzelle, um zu verstehen, wie die hochgeordnete Myofibrillenstruktur auf- und umgebaut wird. Diese Arbeiten führten ihn schließlich zu seinen heutigen Forschungsfeldern, den Proteinen des Aktin-Zytoskeletts der Muskelzellen und den Grundlagen bestimmter neuromuskulärer Erkrankungen.

Nach seiner Berufung verbesserte Fürst ab 2005 erneut die Infrastruktur des Instituts und baute in erster Linie die hochauflösende Lichtmikroskopie zur Analyse lebender Zellen weiter aus. Die Arbeiten an der Schnittstelle zwischen Grundlagenforschung und biomedizinischer Anwendung ermöglichten Fürst zahlreiche nationale und internationale Kooperationen in Forschungsnetzwerken. So war er unter anderem an der Gründung des Muskeldystrophie-Netzwerks (8 Jahre lang vom BMBF gefördert) beteiligt, ist stellvertretender Leiter einer DFG Forschergruppe (»Molekulare Pathogenese Myofibrillärer Myopathien«) und Sprecher einer weiteren DFG Forschergruppe (»Struktur, Funktion und Regulation des myofibrillären Z-Scheiben Interaktoms«), in der die spezifischen Wechselwirkungen und Funktionen Aktin-assoziierter Proteine bei der Myofibrillen-Morphogenese untersucht werden. In einem weiteren Projekt werden die muskulären Zell-Matrix-Kontakte und ihre Rolle bei Umbauprozessen nach Verletzungen des Muskelgewebes erforscht.

Diese zell- und molekularbiologischen Forschungen finden in zunehmender Kooperation mit dem Institut für Genetik statt (siehe Kapitel ›Genetik‹), in welchem verwandte Thematiken mit ganz ähnlichen Methoden behandelt werden. Es gibt daher Bestrebungen, die Forschungs- und Lehrbereiche der entsprechenden Einzel-Institute langfristig zusammenzuführen, was durch einen eventuellen Umzug beider Institute in das ›Soennecken‹-Gebäude in der Kirschallee wesentlich erleichtert werden könnte.

Geschichte der Mikrobiologie

Klaus Peter Sauer

Die Mikrobiologie ist als Spezialdisziplin und als Lehrfach ein Kind des 20. Jahrhunderts. Die Bonner Biologen unternahmen im Jahre 1964 den ersten Versuch, eine Mikrobiologie zu etablieren. Auf den dafür geschaffenen Lehrstuhl berief man den Privatdozenten Holger W. JANNASCH (1928–1998) aus Göttingen. Die räumliche Ausstattung, die sie dem Berufenen anbieten konnten, war so kümmerlich, dass dieser absagte.

Abb. 111: **Hans Georg TRÜPER (1936–2016)** – Ordinarius und erster Direktor des Instituts für Mikrobiologie (und Biotechnologie, ab 1983) von 1972 bis zu seiner Emeritierung 2002 [Foto 1972 *Fotoaltelier Schafgans (Rathausgasse)*, Bildarchiv K. P. Sauer]

Im Jahre 1971 unternahmen die Bonner Biologen einen zweiten Versuch, die Mikrobiologie in Forschung und Lehre aufzubauen. Das »Institut für Mikrobiologie« wurde schließlich nach Zusage des berufenen Privatdozenten **Hans Georg TRÜPER (1936–2016)**, Universität Göttingen, und dessen Ernennung zum Institutsdirektor im Herbst 1972 gegründet. TRÜPER hat in Marburg und Göttingen Naturwissenschaften studiert und war im Jahre 1964 in Göttingen mit einer mikrobiologischen Dissertation zu dem Thema »CO_2-Fixierung und Intermediär-Stoffwechsel bei *Chromatium okenii*« promoviert worden. Zwei Jahre arbeitete er als Wissenschaftlicher Assistent am Institut für Mikrobiologie in Göttingen und wechselte dann als Assistant Scientist für vier Jahre zu H.W. JANNASCH an die Woods Hole Oceanographic Institution, Mass. USA. Im Jahre 1968 ging er als Wissenschaftlicher Mitarbeiter in die Abteilung für Ernährungsphysiologie der Mikroben bei der Gesellschaft für Strahlen- und Umweltforschung in Göttingen. Dort habilitierte sich TRÜPER im Jahre 1971 mit einer Schrift zu dem Thema »Adenylsulfat-Reduktase in phototrophen Bakterien«. Hans TRÜPERS Forschungsfeld ist breit. So untersuchte er mit seinen zahlreichen Schülern u. a. halophile Bakterien und die Mechanismen ihrer Salzresistenz, sowie den mikrobiellen Schwefelstoffwechsel. Darüber hinaus bearbeitete er das schwierige Gebiet der Systematik und Nomenklatur der Prokaryonten.

Abb. 112: **Jobst Heinrich KLEMME (*1941)** – ab 1973 Professor für Angewandte Mikrobiologie und Leiter einer gleichnamigen Abteilung am gerade gegründeten Institut bis zum Ruhestand 2006 [Foto 2011 *Rheinbacher Fotoladen (Weiherstr. 11)*, © J. H. Klemme]

Untergebracht war das Institut für Mikrobiologie anfangs in einem provisorischen, für Lehre und moderne mikrobiologische Forschung völlig unzureichenden Gebäude, in der Kurfürstenstraße 74 in der Südstadt (siehe auch Kapitel ›Genetik‹). Doch bereits im Jahr nach der Gründung des Instituts konnte 1973 eine weitere Professur für Angewandte Mikrobiologie besetzt werden, ohne dass dem aus der Universität Göttingen berufenen Privatdozenten **Jobst Heinrich KLEMME (*1941)** adäquate Arbeitsräume angeboten werden konnten. Das Institut für Mikrobiologie musste jetzt zwei Abteilungen, die für ›Mikrobenphysiologie‹ (TRÜPER) und die für ›Angewandte Mikrobiologie‹ (KLEMME) beherbergen. KLEMME hat wie TRÜPER in Göttingen studiert und wurde dort 1967 promoviert. Nach seiner Zeit als Wissenschaftlicher Assistent und einem Auslandsaufenthalt an der Indiana University (Bloomington, USA) hat er sich 1973 in Göttingen habilitiert. Im gleichen Jahr wurde er an der Universität Bonn zum Wissenschaftlichen Rat und Professor ernannt. Die bevorzugten Forschungsobjekte von KLEMME waren die photosynthetisch aktiven Purpurbakterien. Diese Prokaryonten sind wegen ihrer weit gefächerten Stoffwechsel-Leistungen für die Biotechnik (Einsatz in speziellen Abwasserklärsystemen) von besonderem Interesse.

Abb. 113: **Institut für Mikrobiologie und Biotechnologie** im vorderen Gebäudeteil der ›**Alten Chemie**‹ (Meckenheimer Allee 168) kurz nach der Renovierung im Frühjahr 1992 [Foto *Erwin Galinski*]

Die prekäre Raumsituation entspannte sich erst mit dem Umzug der Mikrobiologie in die »Alte Chemie«. Im Jahre 1974 wurde das Gebäude in der Meckenheimer Allee 168 in Bonn-Poppelsdorf frei, da für die Chemiker ein neues Institut bezugsfertig geworden war. Der Vordertrakt der »Alten Chemie« wurde notdürftig für die Mikrobiologie renoviert. Mit dem Umzug der Mikrobiologie der Mathematisch-Naturwissenschaftlichen Fakultät wurde die Abteilung Landwirtschaftliche Mikrobiologie (Heute: Lebensmittelmikrobiologie und Hygiene, Prof. Johannes KRÄMER (em.), Prof. André LIPSKI) gemeinsam in der »Alten Chemie« untergebracht. Im Jahre 1983 wurde der Institutsname zu »Institut für Mikrobiologie und Biotechnologie« erweitert, um der Anwendung von Mikroben auch darin Ausdruck zu geben. Die Grundsanierung des Gebäudeteils der Mikrobiologie wurde 1985 beschlossen, damit ein attraktiver Ruf, den Hans TRÜPER von der University of Wisconsin in Madison, USA, erhalten hatte, abgewehrt werden konnte. Die Zeit der Bauarbeiten (1986–1991) war eine besonders starke Belastung des Institutsbetriebes. Nach der Fertigstellung im Jahre 1991 konnte die beiderseits lange gewünschte und geplante räumliche Vereinigung mit der »Pharmazeutischen Mikrobiologie« (Prof. Bernd WIEDEMANN (em.); Prof. Hans-Georg SAHL) der Medizinischen Fakultät vorgenommen werden. Trotz einer fünfjährigen Renovierungsphase blieb die wissenschaftliche Produktivität von Hans TRÜPER, seinen Mitarbeitern und Studenten unverändert hoch. TRÜPER hat das Fach »Mikrobiologie« innerhalb der Fachgruppe Biologie und in der Mathematisch-Naturwissenschaftlichen Fakultät zu einer festen Größe gemacht.

Abb. 114: **Christiane Dahl (*1963)** – seit 1999 Privatdozentin und derzeit apl. Professorin am Institut für Mikrobiologie und Biotechnologie [Foto *Eichen (Friedrich-Breuer-Str.)*, © Ch. Dahl]

Von seinen zahlreichen Schülern haben etliche als Assistenten gewirkt, einige davon haben als habilitierte Privatdozenten die mikrobiologische Forschung und Lehre in Bonn effektiv unterstützt. Hierzu gehört im Bereich der Anwendungen vor allem **René Fakoussa (*1950)**, der – von der Dissertation an – seine Arbeiten durch Bergbau-Forschungsgelder finanziert hat, 1995 habilitierte und alternative Verfahren zur Umsetzung von Braun- und Steinkohle durch Mikroorganismen oder entsprechende Enzyme untersucht, zeitweise in enger Kollaboration mit der Arbeitsgruppe um Milan Höfer (siehe Kapitel ›Botanik‹). **Christiane Dahl (*1963)** ist seit 1999 Privatdozentin für Mikrobiologie und arbeitet über den Schwefelstoffwechsel bei Prokaryonten und dessen Bedeutung für umweltrelevante und humanpathogene Bakterien. In strukturbiologischen und biochemischen Forschungen verbinden Analysen von Genexpression und Proteinlokalisation.

Abb. 115: **Erwin A. Galinski (*1954)** – seit 2001 zweiter und derzeit amtierender Direktor des Instituts für Mikrobiologie und Biotechnologie und Leiter der Abteilung Mikrobenphysiologie [Foto *Atelier Herff (Bonn)* , © E. Galinski]

Im Jahre 2001 wurde Prof. Dr. Dr. h. c. Hans Georg TRÜPER emeritiert. Als Nachfolger wurde sein Schüler **Erwin A. GALINSKI (*1954)** berufen. Er hatte von 1973 bis 1980 in Bonn und St. Andrews (Schottland) Biologie und Chemie studiert und mit dem Diplom in Biologie in Bonn abgeschlossen. Mit einer Dissertation zu dem Thema »Salzadaptation durch kompatible Solute bei halophilen phototrophen Bakterien« wurde er 1986 in Bonn promoviert. Hier habilitierte er sich auch im Jahr 1993 mit einer Schrift zu dem Thema »Kompatible Solute aus Bakterien-Gewinnung, Anwendung, Struktur und Funktion«. Von 1993 bis 1997 war er am Institut für Mikrobiologie und Biotechnologie in Bonn als Hochschuldozent tätig. Im Jahre 1997 folgte er einem Ruf auf eine Professur für »Biochemie/Biotechnologie« im Fachbereit Chemie der Universität Münster. Im November 2001 trat GALINSKI die Nachfolge von TRÜPER an. Seine Forschungsthemen sind u. a. die Anpassungsmechanismen extremophiler Bakterien, insbesondere salz- und trockentoleranter Mikroorganismen, Regulation und heterologe Expression von Biosynthese-Wegen für kompatible Solute; Wechselwirkung von hygroskopischen Molekülen mit biologischen Grenzflächen.

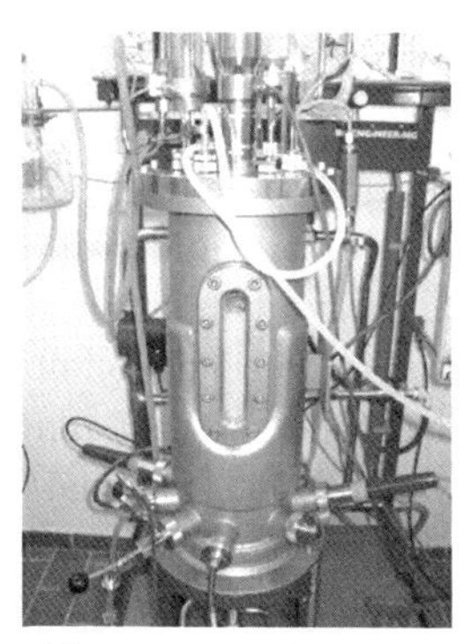

Abb. 116: **Anzucht-Bioreaktor (Fermenter)** des modern eingerichteten Biotechnikums am Institut zur Gewinnung von Naturstoffen aus ›extremophilen‹ Bakterien [Foto ca. 2010 *Marlene Stein, IMBT Bonn*, © E. Galinski]

Mit der Entpflichtung von Jobst Heinrich KLEMME im Jahre 2006 wurde **Uwe DEPPENMEIER (*1962)** als Nachfolger berufen. Er hatte an der Universität Göttingen Biologie studiert und 1988 mit dem Diplom abgeschlossen. Dort wurde er auch im Jahre 1991 mit einer Dissertation zum Thema »Identifizierung und Charakterisierung membrangebundener protonentranslozierender Redox-Systeme in methanogenen Bakterien« promoviert. Er ging dann von 1991 bis 1992 als Postdoc in das Department of Microbiology and Molecular Genetics an die Universität von Kalifornien (Los Angeles, USA). Nach seiner Rückkehr war er bis zu seiner Habilitation 1999 als Postdoc, Habilitationsstipendiat der DFG und als Wissenschaftlicher Assistent am Institut für Mikrobiologie in Göttingen tätig. Er habilitierte sich 1999 mit einer Schrift zu dem Thema: »Redox-driven ion translocation in methagenic Archaea«. Von 2000 bis 2003 war er in Göttingen als Oberassistent tätig. Danach wechselte er als Associate Professor in das Department of Biological Science an der Universität Wisconsin (Milwaukee, USA). Von dort wurde er 2007 als Leiter der Abteilung für Angewandte Mikrobiologie an das Institut für Mikrobiologie und Biotechnologie nach Bonn berufen. Deppenmeiers Forschungsinteresse ist die Untersuchung des Stoffwechsels von methanogenen Archaea, die Analyse des Metabolismus von Darmbakterien und die Erforschung von Enzymen für die stereospezifische Biotransformation.

Abb. 117: **Uwe Deppenmeier (*1962)** – seit 2006 Professor für Angewandte Mikrobiologie und Leiter der gleichnamigen Instituts-Abteilung [Foto *Paunica Baritsch, Diplomandin am IMBT*, © U. Deppenmeier]

Da nur die beiden Abteilungen für ›Mikrobenphysiologie‹ und für ›Angewandte Mikrobiologie‹ des Instituts für Mikrobiologie und Biotechnologie hochschulrechtlich zur Mathematisch-Naturwissenschaftlichen Fakultät gehören, wurden diese hier ausführlich besprochen. Es sei allerdings hervorgehoben, dass das Institut für Mikrobiologie eine der wenigen fakultätsübergreifenden Einrichtungen der Universität Bonn darstellt: Forschung und Lehre (insbesondere das Master-Programm »Mikrobiologie« seit 2011, koordiniert von Frau Dahl) werden zusammen mit den Abteilungen ›Lebensmittelmikrobiologie und -hygiene‹ der Landwirtschaftlichen Fakultät und ›Pharmazeutische Mikrobiologie‹ der Medizinischen Fakultät durchgeführt. Die Zusammenlegung der vier Abteilungen war sinnvoll und hat sich als äußerst fruchtbar erwiesen. Die gemeinsame Nutzung von Einrichtung und Geräten, die unmittelbare Nähe von Fachkollegen und der direkte Austausch von Forschungserkenntnissen und Forschungsmethoden hat sich in Forschung und Lehre als sehr förderlich herausgestellt.

Bezüge der universitären Bonner Biologie zu anderen Wissenschaftsbereichen

Wolfgang Alt

Die seit Universitätsgründung originär entwickelte und weiter bestehende Verzahnung biologischer Forschung und Lehre mit Personen, Institutionen und Curricula der Medizinischen Fakultät ist ein Wesenszug der universitären »Lebenswissenschaften« – mit der Biologie als der grundlegenden sowie umfassenden Wissenschaft von der lebenden Natur und mit der Medizin als der speziell auf den Menschen und seine Gesundung angewandten wissenschaftlichen Praxis. Etliche Beispiele hierfür sind in dieser kurzen und keineswegs vollständigen Darstellung der 200-jährigen Entwicklung an der Universität Bonn erwähnt worden, wie etwa die Mediziner- und Pharmazeuten-Ausbildung (siehe hierzu die Kapitel ›Botanik‹ und ›Genetik‹) sowie die Bildung von fakultätsübergreifenden Forschergruppen (siehe ›Zoologie‹, ›Zellbiologie‹, ›Genetik‹ und ›Mikrobiologie‹).

Anfänglich waren alle Biologie-Ordinarien der Universität auch Mediziner und die meisten in Bonn gar als praktische Ärzte registriert (so etwa GOLDFUß und TREVIRANUS noch im Adress-Verzeichnis von 1846). Weiterhin hatte die Mehrzahl der Botanik- und Zoologie-Professoren bzw. Privatdozenten im 19. Jahrhundert ursprünglich noch Medizin oder manchmal auch Pharmazie studiert und daneben bzw. erst danach Naturwissenschaften. Speziell in Bonn gab es dazu von 1825 an bis in die 1880er Jahre das preußische Lehrer-Seminar für die »gesamten Naturwissenschaften«, in dessen 5 Abteilungen bis zum Schluss die einzelnen Fächer *Botanik, Zoologie, Mineralogie, Chemie und Physik* zusammenhängend unterrichtet wurden (Becker 2004). Erst zum letzten Jahrzehnt vor 1900 war dann in Forschung und Lehre die Spezialisierung in Einzel-Disziplinen und damit auch die Etablierung der Einzel-Institute (hier für Botanik und Zoologie) abgeschlossen. Während ab dann (und bis heute) wissenschaftliche Ergebnisse in der Regel auf den Jahreskongressen der einzelnen Fachgesellschaften vorgestellt wurden – seit der deutschen Reichsgründung zunächst auf nationaler, dann mit der Jahrhundertwende auch auf internationaler Ebene – geschah dies während des ersten Drittels unserer 200-jährigen Bonner Universität in fachübergreifenden Gesellschaften auf lokaler bzw. regionaler Ebene.

So hatte sich die »*Niederrheinischen Gesellschaft für Natur- und Heilkunde zu Bonn*« schon im Universitäts-Gründungsjahr 1818 konstitutiert »als Bindeglied zwischen der Medizinischen Fakultät Bonn und … der rheinischen Ärzteschaft«, sich aber nach zwei weniger effizienten Jahrzehnten im Laufe des Jahres 1839 neue Statuten gegeben. Insbesondere wurde neben der *Medizinischen* eine gesonderte »*Naturwissenschaftliche Sektion*« bestätigt. Deren Direktor war damals – in Nachfolge eines der Gründungsdirektoren, nämlich des Mineralogen NOEGGERATH, der noch als 80-jähriger in der Gesellschaft wirkte – der nur wenig jüngere Chemie- und Geologie-Professor Carl Gustav BISCHOF. Er führte die Geschäfte der Sektion zunächst zusammen mit dem Astronomie-Professor Friedrich Wilhelm ARGELANDER (1799–1875) als Sekretär (Mani 1984).

Abb. 118: **Carl Gustav BISCHOF (1792–1870)** – seit 1819 Professor für Technologie an der Philosophischen Fakultät, dann ab 1822 Ordinarius für Chemie und Technologie, tätig auch in der Geologie [Ausschnitt einer Lithographie ca. 1830 von *Christian Hohe*, Universitätsarchiv Bonn]

Mitglieder dieser Sektion waren ohne Ausnahme die jeweiligen Professoren und Privatdozenten der parallel dazu ausgebildeten »Mathematisch-Naturwissenschaftlichen Sektion (Abteilung)« der Philosophischen Fakultät, so dass die statutengemäß sechsmal pro Jahr stattfindenden Sektions-Sitzungen der Niederrheinischen Gesellschaft zur Mitte des 19. Jahrhunderts die Vorform eines ›mathematisch-naturwissenschaftlichen Kolloquium‹ der Bonner Universität darstellten. Dort wurden die neueren Ergebnisse aus allen Bereichen vorgetragen, wie neueste chemische Analysen (etwa an Mineralien oder Pflanzen wie Zuckerrohr) und biologische Bestimmungen von neu aufgefundenen Arten (ob im Felde, als menschliche Parasiten oder als Versteinerungen). Daran beteiligte sich insbesondere der paläontologisch ausgerichtete Zoologie-Ordinarius TROSCHEL (siehe Kapitel ›Zoologie‹), aber auch geognostisch arbeitende Kollegen wie etwa der junge Pflanzen- und Tiergeograph **Philipp WESSEL**

(1824–1855) sowie etliche biologisch interessierte Mediziner. Hierzu gehörte unter anderen der Physiologe und Anthropologe **Hermann SCHAAFFHAUSEN (1816–1893)**, der seit seiner Bonner Habilitation 1844 in der *Niederrheinischen Gesellschaft* zahlreiche Vorträge gehalten hatte: etwa auf allgemeinen Sitzungen über die Urgeschichte des Menschen – insbesondere am 4. 2. 1857 zur erstmaligen Präsentation des Neandertaler-Schädels – oder in einer Sektions-Sitzung beispielsweise über die »Grenzen von Thier- und Pflanzenreich« (Bakterien wurden damals nur von Medizinern untersucht).

Abb. 119: **Hermann SCHAAFFHAUSEN (1816–1893)** – Physiologe und Anthropologe, nach Medizin-Studium in Bonn (ab 1834) und Berlin (bei J. MÜLLER) ab 1844 Privatdozent und ab 1856 außerordentlicher Professor an der Medizinischen Fakultät, 1874 Mitbegründer des Bonner ›Provinzialmuseums‹ [Ausschnitt aus einer Lithographie *Autor unbekannt*, Archiv des Naturhistorischen Vereins Bonn]

In der seit Mitte des Jahrhunderts als ›*Physikalische Sektion*‹ benannten naturwissenschaftlichen Untergruppe der Niederrheinischen Gesellschaft wurden insbesondere auch botanische Fragen fachübergreifend diskutiert, wie etwa Probleme der Knospen- und Wurzelbildung (teilweise anhand von Fossilien-Funden). So präsentierte der zweite Direktor der 1847 gegründeten »Königlichen Höheren Landwirtschaftlichen Lehranstalt zu Poppelsdorf« (vgl. Weiß 2013), nämlich **Ferdinand WEYHE (1795–1878)**, die Resultate seines jungen Administrators **Eduard HARTSTEIN (1823–1869)** über das Ausmaß der Wurzelbildung bei Getreidepflanzen, während der eifrige Botanik-Dozent CASPARY (siehe Kapitel ›Botanik‹) neuere ›rheinische Pflanzen‹ demonstrierte, wobei er über deren Blattstellung, Geschlechtsorgane oder knollenförmige Rhizome sprach.

Inzwischen war die Sektionsleitung übergegangen an den seit 1841 am Bonner Oberbergamt weilenden Mineralogen und Bergbaukundler **Ernst Heinrich VON DECHEN (1800–1889)** als Direktor und an den Mineralogie-Privatdozenten und Fossilienkenner Ferdinand RÖMER (1818–1891) als Sekretär.

Da aber VON DECHEN schon 1846 Präsident einer anderen, überregionalen naturwissenschaftlichen Vereinigung geworden war, nämlich des »*Naturhistorischen Vereins der preußischen Rheinlande und Westphalens*«, konnte er bewirken, dass in dessen jährlich mehrmals erscheinenden ›Verhandlungen‹ ab 1854 auch die ›Physikalischen Sitzungsberichte‹ der Niederrheinischen Gesellschaft abgedruckt wurden. Somit gab es für die neuesten Forschungsergebnisse aus Naturwissenschaft, Landwirtschaft und Medizin nun in Bonn ein gemeinsames umfassendes Publikationsorgan – und das acht Jahrzehnte lang!

Abb. 120: **Ernst Heinrich VON DECHEN (1800–1889)** – Mineraloge, Geologe und Bergbaukundler, 1841–1864 Leiter des Oberbergamtes Bonn, ab 1846 Präsident des Naturhistorischen Vereins [Ausschnitt aus Portrait-Foto *F. Hax (Bonngasse 18)*, Album Ferd. Wirtgen, Archiv des Naturhistorischen Vereins Bonn]

Der genannte Verein hatte sich 1843 (in Aachen) als »*Naturhistorischer Verein der preußischen Rheinlande*« konstituiert, und zwar in Nachfolge eines schon 1834 auf Initiative des Pharmazie-Professors Theodor Friedrich NEES VON ESENBECK (siehe Kapitel ›Botanik‹) und des Koblenzer Gymnasiallehrers **Philipp WIRTGEN (1806–1870)** gegründeten »*Botanischen Vereins am Mittel- und Niederrheine*«. Dieser Vorgängerverein war primär zur zentralen Sammlung heimischer Herbarien eingerichtet worden (siehe auch Abb. 121) und bestand je zur Hälfte aus Botanikern und Pharmazeuten (bzw. Apothekern), verzeichnete dabei aber auch schon über 10 % Ärzte unter insgesamt ca. 50 Mitgliedern. In Bonn waren neben C. G. NEES von Anfang an aktiv dabei sein Garteninspektor Wilhelm SINNING und ab 1839 auch Theodor VOGEL (siehe Kapitel ›Botanik‹) sowie der Pharmazeut **Louis Clamor MARQUART (1804–1881)**, aber ebenfalls der naturwissenschaftliche Lithograph **Aimé HENRY (1801–1875)**, welcher den Druck der ab 1837 regelmäßig herausgegebenen Jahresberichte im (von ihm mitbegründeten) Bonner Verlag Henry & Cohen besorgte.

Abb. 121: Blatt aus dem im Archiv des Naturhistorischen Vereins befindlichen ›**Rheinischen Herbar**‹ – Sand-Strohblume *(Helichrysum arenarium)*, Dr. Philipp Wirtgen: »*Sehr häufig auf der Rheinfläche zwischen Bingen und Mainz – Juli 1864*« [Ablichtung 2016, Archiv des Naturhistorischen Vereins Bonn]

Dem landesweiten Naturhistorischen Verein traten in der Universitätsstadt Bonn fast alle dort tätigen Mediziner, Landwirtschafts- und Naturwissenschaftler bei, welche in der Regel auch schon Mitglieder der Niederrheinischen Gesellschaft waren; etwa im Jahr 1851 waren es 20 Kollegen von insgesamt ca. 70 Bonner Mitgliedern – darunter ungefähr 5–7 Biologen, wobei die Zahlen sich innerhalb weniger Jahrzehnte mindestens verdreifachten. Der Verein präsentierte sich nämlich zunächst nur in drei Sektionen, einer mineralogischen, einer botanischen und einer zoologischen, welche aber bald zu fünf Abteilungen erweitert wurden: 1. Geographie, Geologie, Mineralogie und Paläontologie; 2. Botanik; 3. Anthropologie, Zoologie und Anatomie; 4. Chemie, Technologie, Physik und Astronomie und schließlich 5. Physiologie, Medizin und Chirurgie. Hieran ist zu sehen, dass sich auch das behandelte Fächerspektrum dieser regionalen Vereinigung vollständig deckte mit dem originären Spektrum der lokalen Niederrheinischen Gesellschaft für Natur- und Heilkunde.

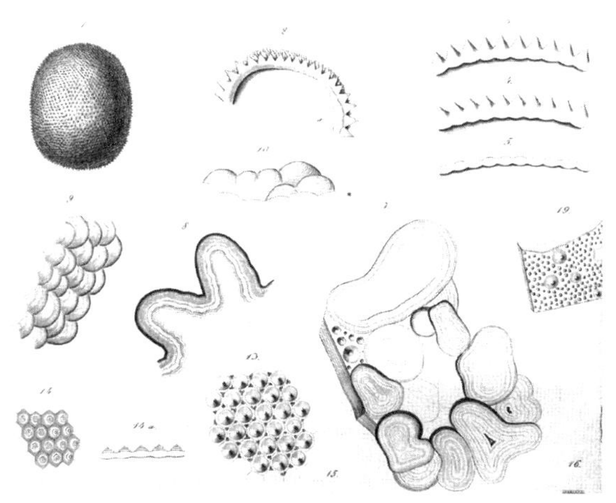

Abb. 122: Tafel I aus SCHULTZES Abhandlung »**Die Struktur der Diatomeenschale**«, NHV-Verhandlungen 20 (1863) [Ablichtung 2016, Archiv des Naturhistorischen Vereins Bonn]

Die Bonner Sitzungen des Naturhistorischen Vereins waren allerdings für alle Forscher einheitlich, so dass die in der Niederrheinischen Gesellschaft zeitweise aufgekommene Separierung in Sparten (zur Zeit KEKULÉs sogar mit eigener ›chemischen Sektion‹) vermieden werden konnte und dadurch ein allgemeines Forum der Lebens- und Naturwissenschaftler in der Region Bonn-Köln entstand. Dieses nahm etwa die in derselben Sitzung (am 9. 11. 1863) vorgetragenen Resultate von Julius SACHS und Hermann SCHACHT über den Zucker-Reservestoff Inulin wahr, auch die fast 30 pflanzen- und zellphysiologischen Vorträge von Johannes HANSTEIN (siehe dazu Kapitel ›Botanik‹) und insbesondere die vielfältigen zoologisch-anatomischen Präsentationen des medizinischen Anatomen und Zellbiologen Max SCHULTZE (siehe Abb. 122), neben den obligatorischen paläo-zoologischen Beiträgen von Hermann TROSCHEL (s. Mani 1984 und Kapitel ›Zoologie‹).

Abb. 123: **Museum und Bibliothek des Naturhistorischen Vereins** im Jahr 1872 – Das Gebäude aus der ersten Hälfte des 19. Jhds. (am Maarflachweg 4, Nähe Hofgarten) war zunächst Restauration mit Saal, gehörte dann ab 1862 dem Naturhistorischen Verein und wurde mehrfach erweitert, bis es 1944 durch Luftangriffe zerstört worden ist. [Kolorierte Architekturzeichnung von *Bené*, Archiv des Naturhistorischen Vereins Bonn]

Teilweise genau dieselben Titel bzw. Themenbereiche trugen diese Wissenschaftler jeweils auch auf den Sitzungen der *Niederrheinischen Gesellschaft* vor, insbesondere in deren *physikalischer Sektion*, welche von 1856 an für 25 Jahre vom Zoologen TROSCHEL geleitet wurde. Wie eng die Verzahnung beider Forschergesellschaften war, ist daran zu erkennen, dass seit 1865 der Paläontologie-Custos im Poppelsdorfer Schloss, (ab 1872 a.o. Professor) **Carl Justus ANDRAE (1816–1885)**, Sekretär des *Naturhistorischen Vereins* war (und dessen Museum im Maarflachweg 4 leitete) und dass derselbe seit 1868 auch Sekretär der *physikalischen Sektion* in der *Niederrheinischen Gesellschaft* war, wo er unter dem Präsidium TROSCHELS seine zahlreichen Arbeiten zur Paläobotanik (etwa von Karbonpflanzen im Braunkohlerevier von Eschweiler) vortrug.

Direkter Nachfolger von ANDRAE in beiden Ämtern wurde nach dessen Tod Philipp BERTKAU, langjähriger Assistent des Zoologischen Instituts und inzwischen Professor der Landwirtschaftlichen Zoologie – gleichzeitig wurde in Nachfolge des verstorbenen TROSCHEL der Zoologie-Ordinarius Hubert LUD-

WIG neuer Sektionspräsident. Jedoch erkrankte BERTKAU schon mit 44 Jahren, so dass seine Ämter 1895 von LUDWIGS Assistenten Walter VOIGT, dem nunmehrigen Kustos und Titularprofessor der Zoologie, übernommen wurden (siehe Kapitel ›Zoologie‹). Präsident des *Naturhistorischen Vereins* in Nachfolge des verstorbenen Mineralogen VON DECHEN wurde 1885 wiederum der in der *Niederrheinischen Gesellschaft* früh engagierte Physiologe und Anthropologe SCHAAFFHAUSEN, aber im Laufe der Jahrzehnte waren es dann schließlich doch wieder Biologen, so wie nun der derzeitige Professor an der Universität Koblenz-Landau, der bekannte Bonner Botaniker und Ökologe Eberhard FISCHER (siehe Kapitel ›Botanik‹).

Abb. 124: **Philipp BERTKAU (1849–1894)** – Zoologe, zunächst Assistent und Privatdozent am Zoologischen Institut, ab 1882 außerordentlicher Professor für Landwirtschaftliche Zoologie [Portrait-Foto ca. 1885 *Autor unbekannt*, www.sea-entomologia.org]

Abb. 125: **Eberhard FISCHER (*1961)** – Botaniker und Ökologe, ab 1995 Privatdozent am Botanischen Institut und seit 1998 Professor an der Universität Koblenz-Landau, dort Leiter der Arbeitsgruppe Botanik und Biodiversitätsforschung, derzeitiger Vorsitzender des Naturhistorischen Vereins [Foto 2008 *Carsten Moog*, © E. Fischer]

Auch die Sekretäre bzw. Sekretärinnen des *Naturhistorischen Vereins* kommen seit mehr als einem halben Jahrhundert ebenfalls aus der Botanik, allerdings in fachübergreifender Überlappung mit Geographie und Naturschutz. So wurde nach dem Zweiten Weltkrieg als erste Sekretärin der provisorisch im Museum

Alexander Koenig eingerichteten Geschäftsstelle die 1944 in Pflanzen-Geographie habilitierte Vegetationskundlerin Käthe KÜMMEL angestellt (siehe Kapitel ›Botanik‹), welche sich in ihrem unermüdlichem Arbeitseifer insbesondere für Untersuchung und Schutz der heimische Pflanzensoziologie (Kümmel 1952) einsetzte. Ab 1950 (bis 1953) publizierte sie zusammen mit dem damaligen Präsidenten des Naturhistorischen Vereins, dem Pharmazeutischen Biologen Maximilian STEINER, als ›Organ der Arbeitsgemeinschaften des Naturhistorischen Vereins‹ ein Mitteilungsblatt für die »floristisch-vegetationskundliche und faunistische Erforschung Westdeutschlands« unter dem Titel »**Westdeutscher Naturwart**«. In ähnlicher Weise aktiv für den regionalen Naturschutz ist die heutige Sekretärin Monika HACHTEL, eine der Gründerinnen der »Biologischen Station Bonn/Rhein-Erft e.V.«, welche sich auf dem Gelände der ehemaligen Stadtgärtnerei (Auf dem Dransdorfer Berg 76) einquartiert hat. Sitz und Archiv des *Naturhistorischen Vereins*, welches auch das traditionelle ›*Rheinische Herbar*‹ bewahrt (siehe die Abbildung 121 eines besonders gut erhaltenen Herbar-Blattes), sind derzeit noch das Bibliotheksgebäude in der Nussallee, ein Umzug zurück in Räume des Museums Alexander Koenig ist allerdings schon ins Auge gefasst.

Wie oben schon mehrfach angeklungen, waren von Universitätsgründung an und bis heute andauernd neben der Kooperation mit der Medizinischen Fakultät die mannigfachen Bezüge der Bonner Biologie zur Landwirtschaftlichen Forschung und Lehre von ähnlich wichtiger Bedeutung. So ging der ab 1819 geplante Aufbau eines ersten »Landwirtschaftlichen Institutes« innerhalb der Philosophischen Fakultät auf Ideen des Botanik-Ordinarius Christian Gottfried NEES VON ESENBECK (siehe Kapitel ›Botanik‹) zurück, wurde zwar zweimal abgebrochen, führte aber schließlich doch 1847 zur Gründung einer außeruniversitären »Höheren Landwirtschaftlichen Lehranstalt zu Poppelsdorf«, und zwar in den Räumen der ›Poppelsdorfer Gutswirtschaft‹ (vgl. Weiß 2013). Diese befand sich an der linken Ecke der heutigen Nussallee direkt gegenüber dem Botanischen Garten und dem Poppelsdorfer Schloss, in welchem der erste Direktor, der Ökonomie-Ordinarius **August Gottfried SCHWEITZER (1788–1854)**, auch wohnte. Damit war er Nachbar des Zoologen und Paläontologen GOLDFUẞ (siehe Kapitel ›Zoologie‹), von dem anfänglich der Unterricht in Landwirtschaftlicher Zoologie übernommen, allerdings nach dessen Tod im Folgejahr 1848 vom medizinischen Extraordinarius **Julius BUDGE (1811–1888)** fortgesetzt wurde. Dieser hatte sich nämlich auf die Nachfolge des GOLDFUẞ'schen Zoologie-Ordinariats beworben, fand sich aber nur auf dem 2. Listenplatz wieder und unterrichtete dennoch weiter bis zu seiner Wegberufung nach Greifswald im Jahr 1855.

WESTDEUTSCHER
NATURWART

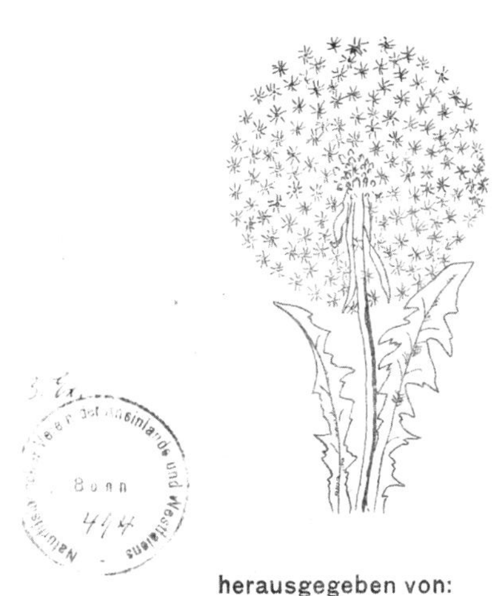

herausgegeben von:

Dr. habil. Käthe Kümmel, Bonn

Jahrgang 1, 1950 Heft 1-2, Lfg. 1

TESCH & LAUTERBACH, VERLAGSANSTALT, BACKNANG

Abb. 126: Titelblatt des ersten Heftes der 1950 von **Käthe Kümmel** herausgegebenen Naturkunde- und Naturschutz-Zeitschrift ›**Westdeutscher Naturwart**‹ für den Raum Bonn-Köln-Aachen [Ablichtung *W. Alt*, Archiv des Naturhistorischen Vereins Bonn]

Danach bzw. nach Erhebung zur »Landwirtschaftlichen Akademie« 1861 wurde ein eigener Lehrer für die gesamten »Naturhistorischen Wissenschaften (also Naturwissenschaften)« bestellt, nämlich zunächst der Agrikulturbotaniker **Johannes Lachmann (1832–1860)** und nach dessen Tod der Pflanzenphysiologe Julius Sachs (siehe Kapitel ›Botanik‹). Als dieser 1865 ordentlicher Professor wurde und sich nur noch auf die Landwirtschaftliche Botanik konzentrieren konnte, übernahm der oben erwähnte Mineraloge und Paläobotaniker, Privatdozent Carl Justus Andrae, als Kustos der paläontologischen Sammlung im Poppelsdorfer Schloss die Vorlesungen in Mineralogie und Geognosie, während der Goldfuß-Nachfolger und (seit 1851) Zoologie-Ordinarius Troschel (siehe Kapitel ›Zoologie‹) nun wieder die Lehre der Landwirtschaftlichen Zoologie übernahm. Diese blieb dann für sieben Jahrzehnte in der Hand von Zoologen der Universität als zusätzliche Dienstverpflichtung.

Nach TROSCHELS Tod 1882 wurde sein Assistent und Privatdozent BERTKAU zum Extraordinarius ernannt und setzte dessen 3st. Vorlesung »Naturgeschichte der Wirbeltiere« fort – im SS 1883 erst- und einmalig mit dem Zusatz »*... mit besonderer Berücksichtigung auf die der Land- und Forstwirthschaft schädlichen Insekten*«, während die Tierphysiologie-Lehre zunächst noch von der Medizinischen Fakultät gestellt wurde. Nach BERTKAUS tödlicher Erkrankung 1894 übernahm wieder der Zoologie-Ordinarius im Poppelsdorfer Schloss, LUDWIG, die »Landwirtschaftliche Zoologie« und ab 1912 folgten die jeweilige Privatdozenten bzw. Professoren STRUBELL, REICHENSPERGER, BORGERT und später dann WURMBACH (siehe dazu das Kapitel ›Zoologie‹).

Noch stärker war die universitäre botanische Forschung und Praxis mit der landwirtschaftlichen Botanik verquickt. Sie stand schon in Person des Garteninspektors SINNING ›Pate‹ bei der späteren Einrichtung eines eigenen »ökonomisch-botanischen Gartens« auf der anderen Seite der heutigen Meckenheimer Allee. Auf dem dortigen Gelände des noch Jahrzehnte lang betriebenen ›Landwirtschaftlichen Gutshofes‹ hatte SINNING schon früh seine Obstbäume kultiviert, im Gärtnerhaus an der gegenüberliegenden Ecke der heutigen Nussallee (jetzt Nees-Institut) wohnte er und im Lehrgebäude unterrichtete er fast bis zu seinem Tode »Obst-, Wein- und Gartenbau«. Er hielt auch die Vorlesung über »Botanik« (zu Beginn gelesen vom oben erwähnten Pharmazeuten Clamor MARQUARDT) bis zum WS 1856–57, welche dann von Lehrern der Naturwissenschaften betrieben und schließlich ab 1867 – nach Umzug in ein neues Gebäude – vom eigenständigen Institut für ›Landwirtschaftliche Botanik‹ unter F. A. KÖRNICKE, Fritz NOLL, Max KOERNICKE und deren Nachfolgern übernommen wurde. Bis heute und darüber hinaus überspannt die wissenschaftliche Kooperation der Botaniker die beiden Fakultäten – die Mathematisch-Naturwissenschaftliche und die Landwirtschaftliche – sowohl in der Leitung der 2002 zusammengelegten ›Botanischen Gärten‹, dann im Masterstudiengang ›Plant Sciences‹ sowie auch im Rahmen des seit über einem Jahrzehnt bestehenden Instituts für ›Molekulare Physiologie und Biotechnologie‹ (IMBIO, siehe Kapitel ›Botanik‹).

Ergänzend sind hervorzuheben die derzeit in der Bonner Wissenschaftslandschaft wirkenden, historisch unterschiedlich früh entstandenen fakultätsübergreifenden biologischen Forschergruppen in den Bereichen Biodiversität und Evolutionsbiologie (gemeinsam mit dem 1934 durch die preußische Regierung offiziell eröffneten *Zoologischen Forschungsmuseum Alexander Koenig*), Sensorbiologie und Bionik in Kooperation mit der Technischen Universität Aachen (im umspannenden ›Bionics‹-Netzwerk), Bioinformatik bzw. ›Life Science Informatics‹ in Kooperation mit den Bonner Informatikern (und dem ›Bonn-Aachen International Center for Information Technology‹) sowie insbesondere die genetisch-zellbiologischen Forschungsverbünde in Kooperation mit der Medizinischen Fakultät (Forum Biomedizin sowie das LIMES-Institut in der neu entstandenen Fachgruppe Molekulare Biomedizin).

In Analogie zur den literarischen Zirkeln und Vereinigungen des aufgeklärten Bonner Bürgertums ab dem 18. Jahrhunderts (so die 1787 gegründete Bonner »Lese- und Erholungs-Gesellschaft«) waren im Laufe des 19. Jahrhunderts auch akademische Zirkel entstanden, deren Mitglieder meistenteils der Universität Bonn angehörten und die sich reihum auf jeweilige Einladung eines der Mitglieder zu regelmäßigen Vortrags- und Speiseabenden trafen: auf der einen Seite jüngere Dozentenkreise wie die Vereinigung »*Camöcia*« von Privatdozenten und Nicht-Ordinarien in den Jahren 1835–1850, dem die Botaniker Vogel und D. Brandis angehörten sowie etliche Philologen und Theologen, insbesondere auch Gottfried Kinkel; im Kontrast (und wohl auch in Reaktion) dazu auf der anderen Seite ›*Akademische Freundeskränzchen*‹, deren erstes mindestens 50 Jahre lang bestand (1843–1893) und eine sehr begrenzte Zahl von 6–10 Mitgliedern hatte. Zu seinen Gründungs-Professoren zählten neben dem Philologen Friedrich Ritschl und dem Mediziner Moritz Naumann auch die mehrfach erwähnten ›Bergdirektoren‹ Noeggerath und von Dechen und schließlich – für den aufmerksamen Leser nicht überraschend – der Chemiker Gustav Bischof, der Astronom Argelander sowie etwas später auch der Zoologe Troschel, der Anthropologe Schaaffhausen und der Landwirtschaftler Weyhe. In dieses auch dem Wein und Punsch gerne zugewandte, manchmal so genannte ›*Dechen-Kränzchen*‹ trat 1884 der aus Indien hochgeehrt zurückkehrende Sir Dietrich Brandis wieder ein (siehe Kapitel ›Botanik‹) sowie gleich nach seiner Berufung auch Hubert Ludwig (siehe Kapitel ›Zoologie‹). Details über dieses und weitere Bonner Freundeskränzchen finden sich bei Braubach (1973).

Insbesondere hat sich eines davon, nämlich das (offenbar als breiter aufgestellte Alternative zum *Dechen-Kränzchen*) schon im November 1877 begründete »*Wissenschaftliche Kränzchen*« von jeweils 14 (bisher ausschließlich männlichen) Professoren an der Universität Bonn bis heute kontinuierlich erhalten. Wie der langjährige Schriftführer, der Physiker Hermann Kayser, zum 50-jährigen Jubiläum feststellte, sollte dieses Kränzchen »seinen Mitgliedern aus allen [Geistes- und Natur-]Wissenschaften das Neueste oder Wichtigste vermitteln, einen Einblick in die Denk- und Arbeitsweise dieser Wissenschaften geben«. So bildeten denn auch die Gründerpersönlichkeiten (mit einer Ausnahme) das gesamte damalige Spektrum zukünftiger oder schon gewesener Universitätsrektoren, insbesondere waren unter den Naturwissenschaftlern der Botaniker Hanstein, der Geologe G. vom Rath, der Physiker R. Clausius und der Mathematiker R. Lipschitz, dazu der Pharmakologe Carl Binz und der der Mediziner H. Rühle. Seit 1891 gibt das überlieferte »Protokollbuch« (siehe Barthlott 2010) auch die einzelnen Vortragsthemen der regelmäßigen, bis auf einige Kriegsjahre 7–8mal jährlich abgehaltenen Sitzungen, von denen nun eine Auswahl aufschlussreicher biologischer Thematiken kurz vorgestellt werden soll. Sie mögen zum Abschluss dieses historischen Rückblicks exemplarisch auf die bedeutende Wirkung hinweisen, welche die Bonner Lebenswissenschaftler im kleineren (wie denn auch im größeren öffentlichen) Kreise der universitären Forschung und Lehre über mehr als einhundert Jahre hatten und wohl weiter haben werden.

Nach dem Gründungsmitglied HANSTEIN waren bis heute durchgehend jeweils 1–2 Biologie-Professoren als Kränzchen-Mitglieder und Referenten präsent. So sprach sein Nachfolger, der pflanzliche Zellbiologe STRASBURGER, einmal »Über Alter und Tod der Pflanzen«, dann »Über Wasserpflanzen, ihre Begattung, und das Darwin'sche Prinzip« sowie über aktuelle zellbiologische Fragen (siehe auch Kapitel ›Botanik‹), während der Zoologe LUDWIG wie erwartet seine Seesterne vor Augen führte, aber auch relevante Fragen wie »Über [die Mücke] *Anopheles claviger* und die Malaria«, allerdings nur bis zu Beginn seines Rektorates. Demgegenüber war der Pflanzenphysiologe FITTING, der in zwei Fällen das Nachkriegsdekanat übernommen hatte und dazwischen auch Rektor war, 50 Jahre lang im Kränzchen aktiv als Referent sowie auch als jahrzehntelanger Schriftführer. So wie er schon 1916 »Über den jetzigen Stand des Darwinistischen Prinzips (Darwinismus und Lamarckismus)« gesprochen hatte, ging sein letzter Vortrag im Jahre 1963 auf »Darwin's Evolutionstheorie im Lichte der modernen experimentellen Vererbungslehre« ein. Gerne referierte er über die Wechselwirkungen zwischen Pflanzen und Insekten oder auch infizierenden Bakterien. Anfang der 1950er Jahre stellte er den »Gegenwärtigen Stand des Urzeugungsproblems« vor, ein immer wieder aufzurollendes biologisches Grundthema, welches 10 Jahre später vom Chemiker Burckhardt HELFERICH mit einem Vortrag über den »Ursprung des Lebens und die Chemie« wieder aufgegriffen wurde.

Ab den 1920er Jahren waren im Kränzchen wieder zoophysiologische Themen angesprochen worden, diesmal vom medizinischen Anatomie-Direktor Johannes SOBOTTA, welcher den Aufbau von Gehirn und Nervensystem der Wirbeltiere im Vergleich zum Menschen erklärte sowie »Keimblätter und erste Entwicklung des Embryos«, schließlich auch »das Altern und das Alter im Tierreich«. Aber auch das in Bonn immer besonders gepflegte Gebiet der Pflanzengeographie klang in den Vorträgen des Geographen Carl TROLL an, etwa 1948 über »Die klimatische Gliederung des Pflanzenkleides der Erde«. Nachdem sich der Botaniker FITTING 86-jährig »aus Gesundheitsgründen« zurückgezogen hatte, folgte 1969 (und als Schriftführer ab 1984) der Angewandte Zoologe KLOFT für ganze 35 Jahre mit seinen Vorträgen über die »Ökologie der Tiere« (etwa von Termiten und Ameisen), das »Problem der Eusozialität … im Tierreich« und vor allem »zur Physiologie [blut]saugender Insekten«, zu ihrer Rolle bei der HIV-Übertragung sowie zur Technologie ihrer Bekämpfung. Er lud das Kränzchen statt zu sich nach Hause in den Bundespresseclub ein – bis zu dessen Schließungstag, dem 30. Juni 1999, den er für einen wissenschaftshistorischen Jubiläumsvortrag nutzte: »100 Jahre Biologische Bundesanstalt für Land- und Forstwirtschaft«. Bei dieser Gelegenheit gedachte er auch des zeitweise dort tätigen und bis dann ersten Kränzchen-Mitgliedes aus der Landwirtschaftlichen Fakultät, des Pflanzenpathologen **Hans Braun (1896–1969)** der bis zu seinem Tode vielfach angewandte Themen zur Phytomedizin und zum Pflanzenschutz vorgetragen hatte.

Abb. 127: Gruppenbild des ›**Wissenschaftlichen Kränzchens**‹ bei der Sitzung am 6. Nov. 1989 anlässlich der Nobelpreis-Verleihung an sein Mitglied Wolfgang Paul [Foto im digitalen Kränzchen-Archiv, Universitätsarchiv Bonn]

Nachfolger von Kloft als Biologie-Ordinarius im Kränzchen ist nun seit 1993 (und seit 2003 auch als Schriftführer) wiederum ein Botaniker, nämlich der über Biodiversität und Bionik arbeitende Pflanzen-Systematiker Barthlott. 10 Jahre nach Formulierung der Internationalen Konvention über Biologische Vielfalt in Rio de Janeiro gab er 2002 eine Übersicht über die in biologischen Sammlungen weltweit erfasste Spezies-Vielfalt – dargebracht als »erster computergesteuerter (Beamer-)Vortrag in der Geschichte des Kränzchens«, sein zweiter ging dann über den initialen Naturforscher Humboldt und ein dritter über »Fleischfressende Pflanzen – eine Sackgasse der Evolution«. Anlässlich des Darwin-Jahres 2009 lud er zu einem der jährlich üblichen *Kränzchenabende mit Damen* ein, diesmal im Botanischen Garten, genauer gesagt in dessen traditionellem Teil direkt am Poppelsdorfer Schloss. Denn seit 2002 ist dieser zu einer universitären Betriebseinheit zusammengelegt mit dem auch schon mindestens 150 Jahre bestehenden »Nutzpflanzengarten« der Landwirtschaftlichen Fakultät. Dessen vormaliger Leiter und nun stellvertretender Gartendirektor, der Gartenbauwissenschaftler

Georg NOGA, bringt seit 2005 als Mitglied das Thema Pflanzenschutz wieder hinein in das *Wissenschaftliche Kränzchen.*

Dieser bewusst ›in Klausur‹ gehaltene kleine Zirkel für den fächerübergreifenden wissenschaftlichen Austausch, dessen ›Innenleben‹ hier aus biologischer Perspektive kurz beleuchtet wurde, hat BARTHLOTT (nach Aussage von KLOFT) gelegentlich als *»unsere kleine Akademie«* bezeichnet. Die 200-jährige Geschichte unserer Bonner Universität mag zeigen, dass diese auf gutem Wege ist, auch in den kommenden Zeiten zunehmend offener und globaler Wissenschaftsaktivitäten eine öffentlich wirkende *›große Bonner Akademie‹* zu bilden, in denen die Lebenswissenschaften eine fundamentale Rolle spielen.

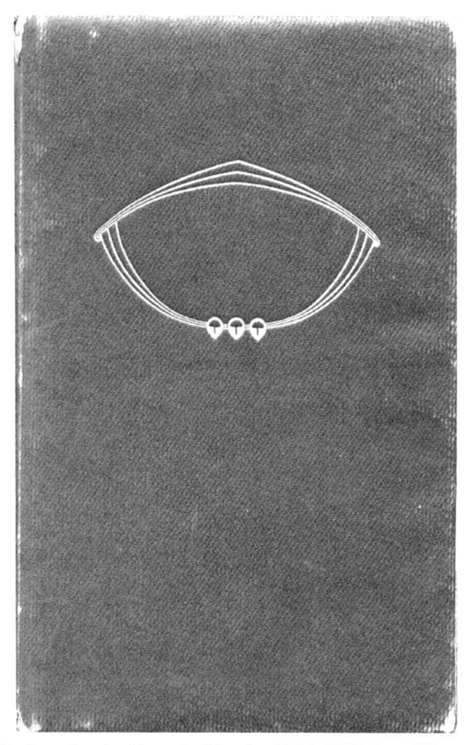

Abb. 128: Einband-Vorderseite des **Protokollbuchs** 1891–2009 des **›Wissenschaftlichen Kränzchens‹** [Foto im digitalen Kränzchen-Archiv, Universitätsarchiv Bonn]

Epilog

Nach Jahrzehnten der Differenzierung in verschiedene biologische Fachgebiete und einer entsprechenden Abspaltung bzw. Aufteilung in kleinere Institute ist derzeit eine wachsende Tendenz zu koordinierter Zusammenarbeit vor Ort und zu weitreichenden Kooperationen in der Region erkennbar. In neuester Zeit entstanden innerhalb der Universität auch Planungen für eine mögliche Zusammenlegung von kleineren Instituten der Fachgruppe Biologie zu effektiven größeren Einheiten. Auch wenn ein augenfälliger Anlass hierzu die nach der gesetzlich verordneten Hochschul-›Autonomisierung‹ eingetretene Finanzkrise der Bonner Gesamt-Universität sein mag, so scheinen doch auch längerfristige Perspektiven der effizienteren biologischen Forschung und Lehre diese Schritte zu begründen.

Hierbei könnten sich etwa die drei vorwiegend zellulär und molekular orientierten Institute zusammenfinden, nämlich die Institute für Genetik, Zellbiologie sowie für Zelluläre und Molekulare Botanik; auch könnte sich das kleinere evolutionär-ökologisch arbeitende Institut für Evolutionsbiologie mit dem ehemals größeren, nun aber speziell sensorisch-neurologisch ausgerichteten Zoologischen Institut wieder zusammenschließen zu einer neu zu definierenden Institution für ›organismische Biologie‹. Analog könnte sich die vor 10 Jahren im Zuge der Überführung des Diplom-Studiengangs sukzessiv erfolgte Aufsplitterung in verschiedene biologische Master-Studiengänge – anschließend an einen weiterhin gemeinsamen Bachelor-Abschluss ›Biologie‹ – als nicht dauerhaft erweisen. Denn die modernen biologischen Experimentier- und Analyse-Methoden zeigen zunehmend deutliche Konvergenzen in Richtung einer einheitlichen, die gesamte Biologie charakterisierenden systemtheoretischen Denk- und Arbeitsweise.

Dabei hat sich die wissenschaftshistorisch aus den USA kommende und schon seit vielen Jahrzehnten ausgebildete »systems biology« in der deutschen Wissenschaftssprache nicht etwa unter dem Namen ›Systembiologie‹ durchgesetzt; denn der Begriff des biologischen ›Systems‹ wurde und wird in verschiedensten Zusammenhängen offenbar schon anderweitig verwendet – wie das taxonomische ›System‹, die neuronalen, sensorischen oder motorischen ›Systeme‹ und schließlich auch organismische ›Systeme‹ als die jeweilig im Labor untersuchte bzw. manipulierbare Spezies.

Die charakteristische Eigenart biologischer Organismen und Populationen als lebendiger Systeme lässt sich systemtheoretisch vielmehr in der grundlegenden Fähigkeit zur adaptiven Eigen-Regulation erfassen – wie denn auch die grundlegende Funktion des erblichen, prinzipiell aber langfristig veränderbaren Genoms im mannigfachen Wechselspiel von Gen-Expression und Gen-Regulation besteht. Von daher scheinen die weiter expandierenden, dabei aber zusammenfließenden Forschungsgebiete der biologischen ›Genetik‹ und ›Epigenetik‹ durch Einbeziehung der verschiedenen, sich ergänzenden Untersuchungsmethoden (wie molekular-biologisch, physiologisch-funktionell oder organismisch-strukturell) sowie aller möglichen Untersuchungsaspekte (evolutionär, ökologisch oder auch medizinisch) eine umfassende und einheitliche Diziplin der zukünftigen ›Biologie‹ eröffnen zu können.

Danksagung

Für die Bereitstellung von Dokumenten, Bildmaterial oder Information danken die Autoren dem Bonner Universitätsarchiv, dem Archiv des Naturhistorischen Museums sowie etlichen Kolleginnen und Kollegen der Fachgruppe Biologie, insbesondere Frau Buchen sowie den Herren Barthlott, Glombitza, Herzog, Keller, Schneider, Stiemerling und Willecke, vor allen aber den inzwischen verstorbenen Kollegen Gottschalk und Trüper.

Referenzen

W. Alt (2005) Campus Poppelsdorf 1859–1884: 25 Jahre Entwicklung einer interfakultären Forschungsstätte für Physiologie und Zellbiologie. *Verhandlungen zur Geschichte und Theorie der Biologie* 11:187–201

W. Barthlott (1990) Geschichte des Botanischen Gartens der Universität Bonn. In: H. Klein (Hrsg.) *Bonn – Universität in der Stadt.* Bonn: Bouvier, S. 41–56

W. Barthlott (2010) Zur Übergabe des Kränzchenbuches. In: *Das Bonner Wissenschaftliche Kränzchen. Bonner Akademische Reden.* Bd. 93. Bonn: Bouvier, S. 7–8

Th. P. Becker (2004) Der Rang der Naturwissenschaften in den ersten Jahren der Universität Bonn. *Acta Historica Leopoldina* 43: 115–131

Th. P. Becker (2012) Die Gründung der Mathematisch-Naturwissenschaftlichen Fakultät der Universität Bonn. *Annalen des Historischen Vereins für den Niederrhein.* Heft 215: 117–132

Johanna Bohley (2003) Christian Gottfried Nees von Esenbeck: Der Botaniker und sein wissenschaftlichs-organisatorisches Wirken in Bonn. *Bonner Universitätsblätter* Jg. 2003, S. 55–67

M. Braubach (1973) Wissenschaftliche Freundeskränzchen im Bonn des 19. und 20. Jahrhunderts. In: E. Ennen, D. Höroldt (Hrsg.) *Aus Geschichte und Volkskunde von Stadt und Raum Bonn.* Bonn: Röhrscheid, S. 418–438

W. Braune, E. Krausse, P. Sitte (Hrsg.) (1994) *Festschrift Eduard Strasburger 1844–1912.* Jena: Universitätsverlag

R. Danneel (1961) Zur Geschichte des Zoologischen Instituts in Bonn. *Verhandlungen Dt. Zool. Gesellschaft* 24: 36–38

E. H. von Dechen (1883) Zur Erinnerung an Dr. Franz Hermann Troschel. *Verhandlungen des Naturhistorischen Vereins der preuss. Rheinlande und Westphalens*, 40. Jg., Correspondenzblatt Nr. 1, S. 35–54

E. Du Bois-Reymond (1860) Gedächtnisrede auf Johannes Müller. *Abh. Kgl. Akademie der Wissenschaften zu Berlin*, S. 25–190

F. Duspiva (1966) Paul Krüger. Nachruf. *Verhandlungen Dt. Zool. Ges.* 29: 567–568

Helga Eichelberg (2002) Maria Gräfin von Linden – die erste Bonner Professorin. *Verhandlungen zur Geschichte und Theorie der Biologie* 9: 349–354

H. Fitting (1917) *Die Pflanze als lebender Organismus. Akademische Rede zum Geburtstag Sr. Majestät des Kaisers.* Jena: G. Fischer

H. Fitting (1922) *Aufgaben und Ziele einer vergleichenden Physiologie auf geographischer Grundlage.* Jena: G. Fischer

H. Fitting (1933) Geschichte der Botanischen Anstalten (bis 1930). Sonderabdruck aus: *Geschichte der Universität Bonn 1818–1833.* Band 2 (Bonn: F. Cohen) – *mit späteren handschriftlichen Berichtigungen und Zusätzen* (Bibliothek des Nees-Instituts 1/32)

H. Fitting (1970a) Die Romantische Schule der Botanik in Bonn. Johannes von Hanstein 1822–1880. Eduard Strasburger 1844–1912. In: *Bonner Gelehrte. Beiträge zur Geschichte der Wissenschaften in Bonn. Mathematik und Naturwissenschaften.* Bonn: Bouvier & Röhrscheid, S. 233ff.

H. Fitting (1970b) *Mein Leben.* Manuskript, posthum übergeben an das Archiv der Universität Bonn

Susanne Flecken (1996) Maria Gräfin von Linden (1869–1936). In: Anette Kuhn u.a. (Hrsg.) *100 Jahre Frauenstudium.* Bonn: Edition Ebersbach, S. 117–125

J. W. Goethe (1807) *Bildung und Umbildung organischer Naturen.* Tübingen: Cotta

J. W. Goethe (1820) *Zur Naturwissenschaft überhaupt, besonders zur Morphologie* 1,3. Stuttgart/Tübingen: Cotta

G. A. Goldfuß (1821) *Ein Wort über die Bedeutung naturwissenschaftlicher Institute und der Einfluss auf humane Bildung als Einladung zum Besuch des naturhistorischen Museums.* Bonn: Adolph Marcus

G. A. Goldfuß (1826) *Grundriß der Zoologie.* Nürnberg: Johann Leonard Schrag

O. Grulich (1894) *Geschichte der Bibliothek und Naturaliensammlung der Kaiserlich Leopoldinisch-Carolinischen Deutschen Akademie der Naturforscher.* Halle / Dresden: Blochmann und Sohn

J. von Hanstein (1880) *Das Protoplasma als Träger der pflanzlichen und thierischen Lebensverrichtungen.* Heidelberg: C. Winter

R. von Hanstein (1908) Franz v. Leydig. Nachruf. *Naturwiss. Rundschau* 23: 347–351

O. Hertwig (1906) *Allgemeine Biologie.* Zweite Auflage des Lehrbuchs »Die Zelle und die Gewebe«. Jena: Gustav Fischer

R. Hertwig (1922) *Franz von Leydig: geb. 21. Mai 1821, gest. 13. April 1908; 1875–1887 Professor der Vergleichenden Anatomie und Zoologie an der Universität Bonn.* Bonn: Röhrscheid

V. Herzog (Hrsg.) (2010) *Lebensentstehung und künstliches Leben. Naturwissenschaftliche, philosophische und theologische Aspekte der Zellevolution.* Zug/Schweiz: Die Graue Edition

H. Hesmer (1975) *Leben und Werk von Dietrich Brandis 1824–1907.* Opladen: Westdeutscher Verlag

R. Hesse (1919) Zoologie. In: *Zur Jahrhundertfeier der Bonner Universität. Die Entwicklung der Naturwissenschaft an der Bonner Universität seit ihrer Begründung.* Bonn: Bouvier & Röhrscheid. Die Naturwissenschaften Bd. 7, S. 576–579

B. Holzmann (1967) *Eduard Strasburger. Sein Leben, seine Zeit und sein Werk.* Dissertation, Universität Frankfurt

G. Höpfner (1994) Christian Gottfried Daniel Nees von Esenbeck (1776–1858) – ein deutscher Gelehrter an der Seite der Arbeiter. In: *Beiträge zur Nachmärzforschung. Schriften aus dem Karl-Marx-Haus Trier.* Bd. 47, S. 9–102

H.-P. Höpfner (1999) *Die Universität Bonn im Dritten Reich. Akademische Biographien unter nationalsozialistischer Herrschaft.* Bonn: Bouvier

I. Jahn (Hrsg.) (2004) *Geschichte der Biologie.* 3. Auflage, Sonderausgabe. Hamburg: Nikol-Verlagsgesellschaft

M. Kaasch (2004) Das Bestehende und das Werdende – Akademieerneuerung und Reformansätze unter Nees von Esenbeck. *Acta Historica Leopoldina* 43: 19–71

G. Karsten (1912) Eduard Strasburger. *Berichte der Deutschen Botanischen Gesellschaft* (2. Generalversammlungsheft) 30: 61–86

R. Keller (2000) Zur Geschichte der Zoologie in Bonn. *Mitteilungen der Dt. Zool. Gesellschaft.* Zoologie 2000, S. 9–22

W. Kloft (1984) Rudolf Lehmensick 85 Jahre. *Zeitsch. Parasitenkunde* 70: 565–566

G. Koller (1958) *Das Leben des Biologen Johannes Müller.* Stuttgart: Wissenschaftliche Verlagsgesellschaft

Käthe Kümmel (1952) *Die pflanzensoziologische Struktur des Stadtkreises Bonn.* Aufgestellt im Auftrage der Stadt Bonn. Bonn: Manuskript (Bibliothek des Geographischen Instituts)

R. Lehmensick (1940) Deutsche Wissenschaftler als Kolonialpioniere. In: *Kriegsvorträge der Rheinischen Friedrich-Wilhelms-Universität Bonn a. Rh.* Bonn: Gebr. Scheur. H. 24, S. 5–21

W. Lobin (2014) Die Wegenamen in den Botanischen Gärten der Universität Bonn. *http://www.botgart.uni-bonn.de/o_uns/history/wege.php*

H. Ludwig (1875) Beiträge zur Kenntnis der Holothurien. *Arbeiten aus dem Zoologisch-Zootomischen Institut in Würzburg* Bd. 2, S. 77–118

C. F. Ph. von Martius (1866) Ludolf Christian Treviranus. In: *Akademische Denkreden.* Leipzig: Fleischer, S. 523–538

N. Mani (1984) Die medizinische Sektion der Niederrheinischen Gesellschaft für Natur- und Heilkunde zu Bonn in den ersten hundert Jahren ihres Bestehens (1818–1918). *Bonner Universitätsblätter* Jg. 1984, S. 55–73

Ursula Mättig (2014) Ausführungen zur Habilitationsakte der Maria Gräfin von Linden aus dem Jahr 1906 (PF 77–268). Persönliche Mitteilung

E. Mayr (1961) Cause and effect in biology. *Science* 134: 1501–1506

E. Mayr (1982) *The Growth of Biological Thought. Diversity, Evolution, and Inheritance.* Cambridge (Mass.)/London: Harvard Univ. Press

W. M. Montgomery (1974) Germany. In: Th. F. Glick (ed.) *The Comparative Reception of Darwinism.* Austin and London: University of Texas Press

F. Müller (1864) *Für Darwin.* Leipzig: Wilhelm Engelmann

F. Müller (1869) *Facts and Arguments for Darwin.* London: John Murray

C. Naumann, (2000) Zoologisches Forschungsinstitut und Museum Alexander Koenig. *Mitteilungen der Dt. Zool. Gesellschaft.* Zoologie 2000, S. 53–55

C. G. Nees von Esenbeck (1820/21) *Handbuch der Botanik.* 2 Bde. Nürnberg: Schrag

C. G. Nees von Esenbeck (1841) *Naturphilosophie.* Glogau: Prausnitz

R. Neumann (1980) *Leben und Werk des Physiologen William Thierry Preyer.* Mediz. Diss. Jena 1980 (unveröffentlicht)

M. Nussbaum, G. Karsten und W. Weber (1911) *Lehrbuch der Biologie für Hochschulen.* Leipzig: Wilhelm Engelmann

C. Pittendrigh (1958) Adaptation, Natural Selection, and Behavior. In: A. Roe, G.G. Simpson (eds.) *Behavior and Evolution.* New Haven: Yale Univ. Press, S. 390–416

W. Th. Preyer (1862) *Über Plautus impennis (Alca impennis* L.). Heidelberg: Adolph Emmerling.

W. Th. Preyer (1896) *Darwin. Sein Leben und Wirken.* Berlin: Ernst Hofmann & Co.

W. Th. Preyer und F. Zirkel (1862) *Reise nach Island im Sommer 1860.* Leipzig: F. A. Brockhaus

H. Querner (1979) Einführung in: A. Geus (Hrsg.) *Georg August Goldfuß. Über die Entwicklungsstufen des Thieres. Omne vivum ex ovo.* Marburg: Basiliskenpresse

A. Reichensperger (1933) Das Zoologische Institut und Museum. In: *Geschichte der Rheinischen Friedrich-Wilhelms-Universität zu Bonn a. Rh.* Bd. 2, Institute und Seminare 1818–1933. Bonn: F. Cohen, S. 402–412

J. Reinke (1873) *Morphologische Abhandlungen.* Leipzig: W. Engelmann

J. Reinke (1901) *Einleitung in die Theoretische Biologie.* Berlin: Gebr. Paetel

Ch. Renger (1982) Die Gründung und Einrichtung der Universität Bonn und die Berufungspolitik des Kultusministers Altenstein. *Academia Bonnensia* Bd. 7. Bonn: Röhrscheid

H. Rink (2003) Vom Röntgenforschungsinstitut über das Institut für Biophysik und das Institut für Strahlenbiologie zur Experimentellen Radiologie – 80 Jahre. *Bonner Universitätsblätter* Jg. 2003, S. 79–84

H. J. Roth (2015) Zur Geschichte der Naturwissenschaften im Rheinland. *Rheinische Heimatpflege* 52 (Heft 4): 243–270

H. Rösch (2006) *Gottfried Kinkel. Dichter und Demokrat.* Königswinter: Lempertz

G. Rücker, B. Ponatowski (2009) Geschichte der Pharmazie an der Universität Bonn. *https://www.pharma.uni-bonn.de/geschichte*

J. Sachs (1875) *Geschichte der Botanik vom 16. Jahrhundert bis 1860.* München: Oldenbourg

K. P. Sauer (1997) Nachruf Ernst Josef Kullmann. *Mitteilungen Dt. Zool. Gesellschaft.* Zoologie 1997, S. 19–21

K. P. Sauer (2007) Hermann Schaaffhausen (1816–1893) – sein Beitrag zum Evolutionsgedanken. *Decheniana* (Bonn) 160: 5–13

K. P. Sauer (2011) Die frühe Rezeption des Darwinismus an der Universität Bonn. *Decheniana* (Bonn) 164: 5–13

K. P. Sauer (2013) Selektion, Individualentwicklung und Stammesgeschichte – Fritz Müllers Schrift »für Darwin«. In: K. Schmidt-Loske u. a. (Hrsg.) *Fritz und Hermann Müller. Naturforschung ›Für Darwin‹.* Rangsdorf: Basilisken-Presse, Natur und Text GmbH, S. 36–51

K. P. Sauer und H. Kullmann (2007) Die Entdeckung der Evolution, der Geschichte des Lebens. Aus den Anfängen der Evolutionsbiologie. In: E. Höxtermann, H. H. Hilger (Hrsg.) *Lebenswissen.* Rangsdorf: Basilisken-Presse, Natur und Text GmbH, S. 244–273

H. Schaaffhausen (1853) Über Beständigkeit und Umwandlung der Arten. In: *Verhandlungen des Naturhistorischen Vereins der preuss. Rheinlande und Westphalens* Jg. 10, S. 420–451

J. W. Schmidt (1968) Hubert Ludwig. In: *150 Jahre Rheinische Friedrich-Wilhelms-Universität zu Bonn, 1818–1868, Bonner Gelehrte, Beiträge zur Geschichte der Wissenschaften in Bonn. Mathematik und Naturwissenschaften,* S. 261–262

H. Schneider (2002) Norbert Weißenfels. *Mitteilungen Dt. Zool. Gesellschaft.* Zoologie 2002, S. 81–83

G. Schubring (2004) Das Bonner naturwissenschaftliche Seminar (1825–1887) – Eine Fallstudie zur Disziplinendifferenzierung. *Acta Historica Leopoldina* 43: 133–148

W. Schumacher (1971) 1946–1969. *Schriftlicher Zusatz zum Manuskript* (Fitting 1933)

J. W. Spengel (1914) Hubert Ludwig. *Leopoldina* 50: 10–32

Helga Stoverock (2001) *Der Poppelsdorfer Garten.* Diss. Phil. Fakultät, Universität Bonn

E. Strasburger (1907) Die Ontogenie der Zelle seit 1875. *Progressus rei botanicae* 1: 1–138

E. Stresemann (1951) *Die Entwicklung der Ornithologie.* Berlin: F. W. Peters

O. Taschenberg (1909) Franz Leydig. Nachruf. *Leopoldina* 45: 37–88

L. C. Treviranus (1848) *Bemerkungen über die Führung von botanischen Gärten, welche zum öffentlichen Unterricht bestimmt sind.* Bonn: Georgi

H. Ullrich (1968a) Zur Geschichte der Botanik in Bonn. In: *Bonner Gelehrte. Beiträge zur Geschichte der Wissenschaften in Bonn. Landwirtschaftswissenschaften.* Bonn: Bouvier & Röhrscheid, S. 71–80

H. Ullrich (1968b) Julius von Sachs 1832–1897. In: *Bonner Gelehrte. Beiträge zur Geschichte der Wissenschaften in Bonn. Landwirtschaftswissenschaften.* Bonn: Bouvier & Röhrscheid, S. 81–86

H. Ullrich (1968c) Friedrich August Körnicke 1828–1908. In: *Bonner Gelehrte. Beiträge zur Geschichte der Wissenschaften in Bonn. Landwirtschaftswissenschaften.* Bonn: Bouvier & Röhrscheid, S. 87–97

D. Volkmann (2013) 100. Todestag – dennoch aktuell. Eduard Strasburger. *Biologie in unserer Zeit* 43: 118–124

F. Weiling (1976) Die Ehrenpromotion von Charles Darwin zum 50-jährigen Bestehen der Rheinischen Friedrich-Wilhelms-Universität zu Bonn im Lichte der übrigen aus dem gleichen Anlass im naturwissenschaftlichen Bereich erfolgten Ehrungen. *Bonner Geschichtsblätter* 28: 167–199

E. Weiß (2013) 200 Jahre Entwicklungen zur heutigen Landwirtschaftlichen Fakultät der Rheinischen Friedrich-Wilhelms-Universität zu Bonn. Reihe *Alma Mater*, Bd. 107. Bonn: Bouvier

V. Wissemann (2006) Johannes Reinke (1839–1931) and his »Dominanten« theory – An early concept of gene regulation and morphogenesis. *Theory in Biosciences* 124: 397–400

E. Wunschmann (1886) Christian Gottfried Ness von Esenbeck. *Allgemeine Deutsche Biographie* 23: 368–376

E. Wunschmann (1890) Hermann Schacht. *Allgemeine Deutsche Biographie* 30: 482–486

E. Wunschmann (1894) Ludolf Christian Treviranus. *Allgemeine Deutsche Biographie* 38: 588–591

H. Wurmbach (1940) Biologische Grundlagen für die Bevölkerungspolitik. In: *Kriegsvorträge der Rheinischen Friedrich-Wilhelms-Universität Bonn a. Rh.* Bonn: Gebr. Scheur, H. 26, S. 3–26

H. Wurmbach (1968) Adolf Borgert. In: *150 Jahre Rheinische Friedrich-Wilhelms-Universität zu Bonn, 1818–1968, Bonner Gelehrte, Beiträge zur Geschichte der Wissenschaften in Bonn. Mathematik und Naturwissenschaften.* Bonn: Bouvier & Röhrscheid, S. 261–262

Quellen

Benutzt wurden auch zugängliche Periodika, Dokumente und Akten, vor allem im Bestand des **Archivs der Universität Bonn:** Hier vor allem die Personal- und Vorlesungsverzeichnisse sowie im Einzelnen die folgenden Quellen.

Chronik #	Chronik der Universität Bonn im Akademischen Jahr #
PA UAB	Personalakten Universitätsarchiv Bonn
PF-PA#	Personalakten der Philosophischen Fakultät (Nr.#)
PA#	Personalakten der Mathematisch-Naturwissenschaftlichen Fakultät (Nr.#)
MNF#	Akten der Mathematisch-Naturwissenschaftlichen Fakultät (Nr.#)

Namensregister

Personen

Städte

Sachregister